职业院校增材制造技术专业系列教材

3D 打印造型设计

主　编　解乃军　刘鲁刚
副主编　耿冉冉　宣国强　许　剑　李　奎
参　编　陈　莉　刘雪梅　褚南峰　史建军　王　冠
　　　　何宇飞　林继胜　汪　芳　程雪琪　康　健　梁思夏
　　　　温秀平　张　军　段晓霞　艾　亮　毛旭超　逢浩然
　　　　高明怡　朱晶晶　胡凯俊
主　审　付宏生　梁建和

机 械 工 业 出 版 社

本书是职业院校增材制造技术专业系列教材之一，也是全国行业职业技能竞赛-全国电子信息服务业职业技能竞争-增材制造（3D打印）设备项目竞赛成果转化成果之一。

　　本书是由具有丰富产品创新设计经验的教师与企业工程师共同编写的。本书以增材制造（3D打印）设备项目任务为载体，依据产品的创新设计流程安排设计任务，在流程中反映设计任务，在任务中体现设计流程，结构体系清晰，便于读者学习和理解。本书共分3个项目。项目1讲述了机械与机构设计、传动机构设计、轴类部件设计和弹簧设计等内容；项目2讲述了造型设计、造型设计中美学原则的应用、色彩设计和造型设计表现技法的应用等内容；项目3从机械臂装配与仿真、无人机装配与仿真、齿轮泵装配与仿真和3D打印机装配与仿真几个方面，详细讲述了产品设计完成后，虚拟装配与仿真的实现步骤。每个项目又分为多个任务。所有任务均可使用COMET职业能力测评来评价任务实施情况，从而检验实施者的综合职业能力。

　　本书可作为高职高专、技师学院、中等职业学校增材制造技术、模具设计与制造、机械设计与制造、机械制造及自动化、数字化设计与制造技术、工业设计等专业的教材，也可作为职业技能大赛涉及3D打印造型设计内容的参考书，还可以作为从事3D打印造型设计应用技术人员的培训教材或参考书。

图书在版编目（CIP）数据

3D 打印造型设计 / 解乃军，刘鲁刚主编 . —北京：机械工业出版社，2023.8
职业院校增材制造技术专业系列教材
ISBN 978-7-111-73455-0

Ⅰ . ① 3… Ⅱ . ①解… ②刘… Ⅲ . ①快速成型技术 – 职业教育 – 教材
Ⅳ . ① TB4

中国国家版本馆 CIP 数据核字（2023）第 121715 号

机械工业出版社（北京市百万庄大街 22 号　邮政编码 100037）
策划编辑：陈玉芝　王晓洁　　责任编辑：陈玉芝　王晓洁　关晓飞
责任校对：潘　蕊　张　薇　　封面设计：张　静
责任印制：任维东
北京市雅迪彩色印刷有限公司印刷
2023 年 11 月第 1 版第 1 次印刷
184mm×260mm・12.5 印张・339 千字
标准书号：ISBN 978-7-111-73455-0
定价：59.80 元

职业院校增材制造技术专业
系列教材编委会

编委会主任 付宏生 梁建和 邓海平 何 勇

编委会副主任（按姓氏笔画排序）

王英博 王 涛 艾 亮 卢尚文 刘永利

刘鲁刚 李 庆 何宇飞 张 冲 张 凯

张 思 张彦锋 张 静 陆玉姣 陈玉芝

陈金英 周登攀 孟献军 姚继蔚 解乃军

编委会委员（按姓氏笔画排序）

马长辉 王 冠 王晓洁 朱晶晶 刘 丹

刘石柏 刘辉林 许 剑 李泽敬 李 奎

李 婷 李鑫东 肖 静 邱 良 何 源

张艺潇 张岩成 陆军华 陈 剑 陈 琛

林雪冬 郑进辉 郑泽锋 赵久玲 赵庆同

胡幼华 胡凯俊 姜 军 宣国强 耿冉冉

贾 哲 高志凯 董文启 路 有 谭延科

樊 静 薛 飞

前　言

3D打印（增材制造）技术出现在20世纪90年代中期，它与普通打印的原理基本相同，打印机内装有液体或粉末等"打印材料"，与计算机连接后，通过计算机控制把"打印材料"一层层叠加起来，最终把计算机上的设计图变成实物。近年来，增材制造已成为我国制造领域发展最快的技术方向之一。国家"十四五"规划明确了发展增材制造在提升制造业核心竞争力和智能制造技术方面的重要性，并将增材制造作为未来规划发展的重点领域。与此同时，教学和实际3D打印中，很难找到一本容易上手、边学边练、教学一体化的3D打印造型设计方面的图书。为了更好地适应实际3D打印造型设计工艺要求，同时满足院校与3D爱好者的需求，特组织学校教师和企业技术人员一起编写了本书。

本书全面落实党的二十大报告关于"实施科教兴国战略，强化现代化建设人才支撑""深入实施人才强国战略"重要论述，明确把培养大国工匠和高技能人才作为重要目标，大力弘扬劳模精神、劳动精神、工匠精神。深入产教融合，校企合作，为全面建设技能型社会提供有力人才保障。

本书从3D打印造型设计的基础理论入手，在理论知识的基础上，用案例任务引导教学，以项目作为主线贯穿全书。本书设有3类项目，设有"思维导图""知识导入""任务描述""任务目标""任务分析""任务实施""任务拓展""任务评价"等栏目。主要特点如下：

1. 校企共同开发

教材的难度和深度与实际生产密切结合，根据技术领域和职业岗位的要求，参照职业技能标准要求进行编写。书中的案例绝大部分来自生产实际，部分素材由企业直接提供，并由全国技术能手指导。

2. 岗课赛证一体化

本书立足3D打印就业岗位，所有案例均来自工程实践或竞赛项目，具有一定的工程指导性，实现理论教学与实践教学融通合一、能力培养与工作岗位对接合一。

3. "课程思政"贯穿全过程

教材有效融入新时代中国特色社会主义思想，引入"拓展阅读"内容，发挥育人功能，注重学生实践创新能力的培养。

4. 一体化教学

以"问题驱动"为原则，根据典型工作任务和工作过程设计课程体系和内容，按照工作过程的顺序安排教学活动，以问题的方式导入每个知识点，参观、操作和演练相结合，降低了学习3D打印造型设计的技术门槛，不仅配套了电子教案，而且部分项目还配有演示视频。

5. 引入 COMETT 职业能力测评

通过引入 COMETT 职业能力测评的方法，培养读者的自我评价能力。

凡使用本书作为教材的教师，可登录机械工业出版社教育服务网（http://www.cmpedu.com）免费下载本书的配套资源。

本书由解乃军（南京工程学院）和刘鲁刚（平湖市职业中等专业学校）任主编，耿冉冉（南京工程学院）、宣国强（浙江诸暨技师学院）、许剑（徐州技师学院）、李奎（吉林电子信息职业技术学院）任副主编，其他参编人员有：陈莉（武汉高德信息产业有限公司）、刘雪梅（烟台船舶工业学校）、褚南峰（南京工程学院）、史建军（南京工程学院）、王冠（沈阳机床股份有限公司）、何宇飞（鞍山技师学院）、林继胜（聊城市技师学院）、汪芳（平湖市职业中专）、程雪琪（江苏省徐州技师学院）、康健（长春市机械工业学校）、梁思夏（聊城市技师学院）、温秀平（南京工程学院）、张军（南京工程学院）、段晓霞（武汉高德信息产业有限公司）、艾亮（四平职业大学）、毛旭超（浙江诸暨技师学院）、逄浩然（青岛西海岸新区高级职业技术学校）、高明怡（沈阳市信息工程学校）、朱晶晶（深圳市创想三维科技股份有限公司）、胡凯俊（金华市技师学院）。

本书由资深专家清华大学基础训练中心顾问付宏生教授和广西机械工程学会副理事长梁建和教授担任主审。另外，还要特别感谢张毅、徐鸣远、张晟祺、纪有旺等南京工程学院 3D 打印团队的成员，他们为本书提供了许多典型案例。

由于增材制造技术发展迅速，编者水平有限，书中难免有不足和错误之处，恳请各位同仁和广大读者给予批评指正。

编　者

二维码索引

名称	图形	页码
机械臂装配与仿真动画		125
无人机装配与仿真动画		139
齿轮泵装配与仿真动画		167
3D 打印机装配与仿真动画		187

目　录

前言

二维码索引

绪论

项目1　机械设计 ……………………… 3

任务1.1　机械与机构设计 ……………4

任务1.2　传动机构设计 ………… 19

任务1.3　轴类部件设计 ………… 40

任务1.4　弹簧设计 ……………… 49

项目2　外观设计 ……………………… 61

任务2.1　造型设计 ……………… 62

任务2.2　造型设计中美学原则的应用 … 72

任务2.3　色彩设计 ……………… 86

任务2.4　造型设计表现技法的应用 …… 94

项目3　装配与仿真 …………… 111

任务3.1　机械臂装配与仿真 ………112

任务3.1.1　机械臂手爪装配 ………113

任务3.1.2　运动仿真 ……………119

任务3.1.3　机械臂装配 ………… 122

任务3.2　无人机装配与仿真 ………… 129

任务3.2.1　无人机零部件制作 ………129

任务3.2.2　无人机装配 ………… 134

任务3.2.3　无人机装配检查 ……… 136

任务3.2.4　无人机爆炸图与运动
仿真 ……………… 137

任务3.3　齿轮泵装配与仿真 ………… 143

任务3.3.1　齿轮泵装配 ………… 144

任务3.3.2　齿轮泵装配体爆炸视图
创建 ……………… 155

任务3.3.3　运动算例应用 ……… 158

任务3.4　3D打印机装配与仿真 ……… 170

任务3.4.1　3D打印机装配 ……… 171

任务3.4.2　装配爆炸图创建 ……… 181

任务3.4.3　运动仿真 …………… 183

参考文献 ……………………… 192

绪　　论

　　3D 打印技术被誉为一项可改变世界的颠覆性技术，如今已在多个领域得到应用，例如，人们用它来建造房屋，制造机械零件、工艺品、牙齿、服装等。与传统制造业的"减材制造"方式不同，3D 打印技术采用的是"增材制造"方式。3D 打印技术具有诸多优势：在不增加成本的条件下，可制造复杂多样化的产品；复杂部件无须组装，可实现一体化成型；可以按需打印，即时生产，减少了企业的实物库存；不受制造工艺限制，设计空间无限；随着制造工艺的变化，制造组织模式也随之改变；设备占用空间少，让便携制造成为可能；减少了制造过程中的环境污染和能源浪费；打印材料可以无限组合等。

　　产品造型设计在 3D 打印过程中起着关键的作用。3D 打印机正常运行的前提是输入设计好的电子图样或设计文件，随后 3D 打印机才能开始打印工作。3D 打印机的具体工作过程是：在设计文档指令的指引下，3D 打印机首先喷射固体粉末或熔融液体材料，使其固化为特殊平面薄层。第一层固化后，3D 打印机打印头返回，然后在第一层外部形成第二层薄层。在第二层固化后，打印头再次返回并在第二层外再形成第三层薄层。如此反复，薄层最终积累成为三维物体。

　　3D 打印造型设计把 3D 打印技术和工业产品造型设计完美地结合在了一起。

　　工业产品造型设计最初在把美学应用于技术领域这一实践中产生，是技术与艺术相结合而产生的一门学科。

　　工业产品造型设计主要从事工业产品（如电子产品、机械设备等）的外观造型设计等创意活动，通过造型、色彩、表面装饰和材料的运用而赋予产品新的形态和新的品质，并从事与产品相关的广告、包装、环境设计与市场策划等活动，实现工程技术与美学艺术的和谐统一。

本书的学习导图如下。

项目1 机械设计

工业设计发展至今，已不再是简单的"技术＋艺术"，而是工程技术知识、人机工程学、人文社科知识、艺术美学知识、市场营销知识和消费心理学等知识体系的有机结合。因为工业设计的对象是在现代工业化条件下批量生产的产品，而产品又是为人服务的，所以它应该具备一定的使用功能，应该让人用得舒适，要考虑不同民族、文化的人对产品的特殊要求及喜恶，应该使产品具有欣赏价值，而不只是冰冷的、毫无感情的机器，要使产品为消费者所接受，等等。对于产品的这些要求需要多学科知识的协同，而不仅仅是工程师和艺术家在形式上的合作。

机械设计作为工业产品设计的重要组成部分，是工业产品生产的第一步，是决定产品性能的最主要因素。机械设计努力的目标是在各种限定的条件（如材料、加工能力、理论知识和计算手段等）下设计出最好的产品，即做出优化设计。优化设计需要综合地考虑许多要求，一般有最好的工作性能、最低的制造成本、最小的尺寸和质量、最高的可靠性、最低的消耗和最小的环境污染等。这些要求通常是互相矛盾的，而且它们之间的相对重要性因机械种类和用途的不同而不同。设计者的任务是按具体情况权衡轻重，统筹兼顾，使设计的产品有最优的综合技术和经济效果。过去，设计的优化主要依靠设计者的知识、经验和远见。随着机械工程基础理论和价值工程、系统分析等新学科的发展，制造和使用的技术经济数据资料的积累，以及计算机的推广应用，优化逐渐舍弃主观判断而依靠科学计算。

各类产品的设计，特别是整体和整系统的机械设计，须依附于各有关的产业技术而难以形成独立的学科，因此出现了农业机械设计、矿山机械设计、泵设计、压缩机设计、汽轮机设计、内燃机设计、机床设计等专业性的机械设计分支学科。

机械设计可分为新型设计、继承设计和变型设计三类。

（1）新型设计　应用成熟的科学技术或经过实验证明可行的新技术，设计过去没有过的新型产品。

（2）继承设计　根据使用经验和技术发展对已有产品进行设计更新，以提高其性能、降低其制造成本或降低其使用费用。

（3）变型设计　为适应新的需要对已有的机械作部分的修改或增删而发展出不同于标准型的变型产品。

学习3D打印造型设计，首先要了解和熟悉机械设计。

本项目的学习导图如下。

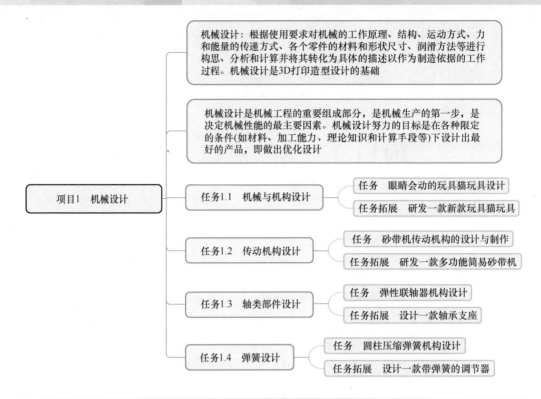

机械设计：根据使用要求对机械的工作原理、结构、运动方式、力和能量的传递方式、各个零件的材料和形状尺寸、润滑方法等进行构思、分析和计算并将其转化为具体的描述以作为制造依据的工作过程。机械设计是3D打印造型设计的基础

机械设计是机械工程的重要组成部分，是机械生产的第一步，是决定机械性能的最主要因素。机械设计努力的目标是在各种限定的条件(如材料、加工能力、理论知识和计算手段等)下设计出最好的产品，即做出优化设计

项目1　机械设计

任务1.1　机械与机构设计
　　任务　眼睛会动的玩具猫玩具设计
　　任务拓展　研发一款新款玩具猫玩具

任务1.2　传动机构设计
　　任务　砂带机传动机构的设计与制作
　　任务拓展　研发一款多功能简易砂带机

任务1.3　轴类部件设计
　　任务　弹性联轴器机构设计
　　任务拓展　设计一款轴承支座

任务1.4　弹簧设计
　　任务　圆柱压缩弹簧机构设计
　　任务拓展　设计一款带弹簧的调节器

任务 1.1　机械与机构设计

【思维导图】

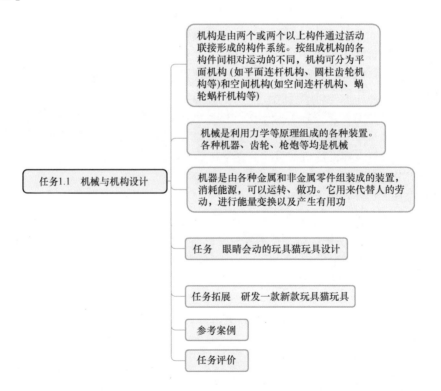

任务1.1　机械与机构设计

机构是由两个或两个以上构件通过活动联接形成的构件系统。按组成机构的各构件间相对运动的不同，机构可分为平面机构（如平面连杆机构、圆柱齿轮机构等)和空间机构(如空间连杆机构、蜗轮蜗杆机构等)

机械是利用力学等原理组成的各种装置。各种机器、齿轮、枪炮等均是机械

机器是由各种金属和非金属零件组装成的装置，消耗能源，可以运转、做功。它用来代替人的劳动，进行能量变换以及产生有用功

任务　眼睛会动的玩具猫玩具设计

任务拓展　研发一款新款玩具猫玩具

参考案例

任务评价

【知识导入】

在生产实践及日常生活中，广泛使用着各类机械设备，如内燃机、汽车、飞机、机床等。机械设备的种类繁多，功能各异。它们都是由一些典型的机构、机械零部件及控制系统组成的。例如，内燃机是由气缸体（机架）、曲轴、连杆、活塞、进气阀、排气阀、推杆、凸轮、齿轮等组成的，如图 1-1-1 所示。当燃气推动活塞做往复移动时，通过连杆使曲轴做连续转动，从而将燃气的热能转换成曲轴的机械能。而齿轮、凸轮、推杆的作用则是按一定的运动规律启闭阀门，以吸入燃气和排出废气。

这种内燃机由三种机构组成：①由气缸体（机架）、曲轴、连杆和活塞组成的曲柄滑块机构，它将活塞的往复移动转变为曲轴的连续转动；②由气缸体（机架）、凸轮和推杆组成的凸轮机构，它将凸轮的连续转动转变为推杆的往复移动；③由气缸体（机架）、齿轮组成的齿轮机构，其作用是改变转速的大小和方向。

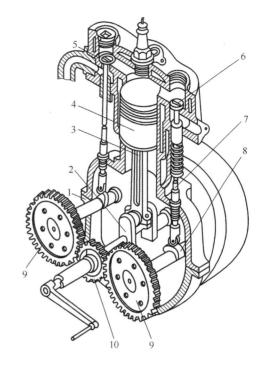

图 1-1-1 内燃机

1—气缸体（机架） 2—曲轴 3—连杆 4—活塞
5—进气阀 6—排气阀 7—推杆 8—凸轮
9、10—齿轮

机械系统由一部或多部机器组成，而机器则由机构组成，一般机器可以包含多种类型的机构，也可以只包含一种机构。机器是既能实现确定的运动，又能做有用的机械功或完成能量转换的装置，如内燃机。机构则只能传递运动和力，它由若干具有确定运动的构件组成。构件是机构的基本运动单元，它可以是单个零件，也可以是多个零件组成的刚性结构。

机械中普遍使用的机构称为常用机构，如连杆机构、凸轮机构、齿轮机构等。机械中普遍使用的零件称为通用零件，如齿轮、螺栓、轴承、弹簧等。

更多相关知识，详见本书的配套资源。

【任务描述】

设计一款眼睛会动的玩具猫，当转动手柄时玩具猫的眼睛能左右移动。该玩具具有猫的外形，如图 1-1-2 所示。

具体任务：设计能使玩具猫眼睛左右移动的机构；设计玩具猫内部各构件的结构和玩具猫的外形结构。

图 1-1-2 玩具猫

【任务目标】

1）能够正确选用和设计机构，并绘制机构运动简图。

2）能够设计满足运动、强度、加工工艺等要求的零部件结构。

3）能够用直观、专业、规范的文字和图形等形式正确表达设计方案和工程问题。

4）能熟练应用 3D 打印设备加工一般结构的零件。

【任务分析】

（1）根据任务描述，对产品的基本功能需求进行分析　这一步的具体工作是对任务进行全方位的领会和分析，主要是认真分析工程问题，明确作品（或产品）的运动功能、美学功能、动力学功能等需求，为进一步进行方案设计打好基础。这是设计出好产品的重要步骤。

玩具猫是一款儿童玩具，所以造型和色彩的设计要满足儿童的审美需求。材料选择及结构设计要满足安全性能要求，例如材料一定是无毒无害的，结构上不能有安全隐患。运动功能方面要求在转动手柄时，执行件（眼睛）能左右移动，即要求机构能将原动件的转动转变为执行件的移动。运动功能需求是机构设计的依据，即设计的机构必须满足运动功能需求。产品的动力学功能就是要保证产品具有足够的强度、刚度和可靠性，是产品结构设计时要考虑的重要因素。

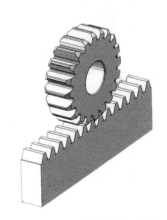

（2）设计能实现产品运动功能需要的机构　这一步是根据产品所应具有的运动功能进行设计构思，提出原理方案，即为不同的功能需求、不同的运动规律匹配合适的机构。首先从功能分析入手，通过创新构思产生多种方案，再经过评价、筛选，求得最佳方案。这一过程最显著的特点是问题的多解性，求解的过程极具创造性。如玩具猫眼动机构的设计就是选择合适的机构，将手柄的转动转变为眼睛的移动。能将转动转变为移动的机构有齿轮齿条机构（见图 1-1-3）、曲柄滑块机构（见图 1-1-4）、盘状凸轮机构（见图 1-1-5）、空间凸轮机构（见图 1-1-6）、螺旋机构（见图 1-1-7）、组合机构等。

图 1-1-3　齿轮齿条机构

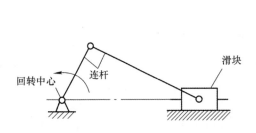

图 1-1-4　曲柄滑块机构

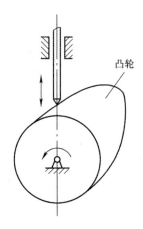

图 1-1-5　盘状凸轮机构

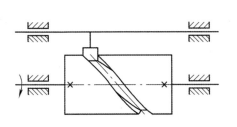

图 1-1-6　空间凸轮机构

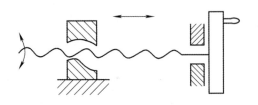

图 1-1-7　螺旋机构

在众多可用的机构方案中，需要通过系统科学的评价方法，应用收敛思维方法，从中选出优化合理的方案。对机构方案进行评价时，首先要确定评价指标，如功能性指标、技术性指标、经济性指标等，然后选择合适的评价方法，对各个方案进行综合评价。

本案例中，评价指标可以从功能性和技术性去考虑。从运动功能来看，该设计要求眼睛能左右移动，这就要求执行构件作往复直线运动。而齿轮齿条机构、螺旋机构都是单向直线运动，因此可不予考虑。玩具中眼睛的移动对速度没有特殊要求，可以匀速，也可以变速。眼睛的移动距离受眼眶尺寸的限制，可以设定在 10mm 以内。曲柄滑块机构、凸轮机构都能满足这些条件。对于技术性指标，主要考虑设计的快捷性、加工的工艺性、维护的便利性及空间尺寸约束等因素。相对而言，空间凸轮机构在这几个方面都处于劣势，即设计上比较费时，加工工艺性也不好，还要占用较大的空间。最后机构运动方案就聚焦到曲柄滑块机构和盘状凸轮机构了。这两种机构都是很好的选择。曲柄滑块机构设计简单，加工、装配的工艺性都很好。而盘状凸轮机构构件数量少，并且对从动件的运动速度没有什么要求，所以设计相当简单。凸轮可直接设计为偏心圆盘，无论采用切削加工，还是采用增材制造，加工工艺性都非常好。从动件的封闭形式既可以采用力封闭，也可以采用形封闭。另外，还可以通过改变凸轮的远近休止角来改变眼睛在左右停顿的时间，以增加玩具的趣味性。

【任务实施】

通过任务分析可以确定一个或多个机构方案，下面以盘状凸轮机构作为玩具猫眼动机构，介绍任务实施的基本步骤。

1. 绘制所选用机构方案的机构运动简图或机构示意图

当机构方案确定后，为了方便地分析机构的运动特性，可以用机构运动简图或机构示意图来表达机构的组成及各构件之间的运动关系。图 1-1-8 为玩具猫眼动机构示意图。

2. 确定机构的基本尺寸

凸轮的轮廓形状和相关的结构尺寸主要是由从动件的运动规律来确定的。玩具猫眼动机构速度低、载荷小，对从动件的运动规律没有特殊的要求。影响凸轮尺寸的最重要的参数就是从动件的行程，它是根据玩具猫眼睛左右移动的距离来确定的。因此凸轮轮廓可以设计得简单一些，例如凸轮轮廓设计成两段圆弧加与之相切的两段直线组成的封闭图形，也可以设计成更简单的偏心圆。

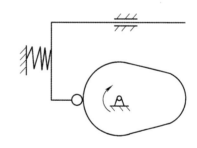

图 1-1-8 玩具猫眼动机构示意图

假设玩具猫眼睛左右移动的最大距离为 6mm，即从动件的行程为 6mm。

考虑使用的方便性，以及 3D 打印机的成形尺寸限制及打印时长，设定作品的最大尺寸在 180mm 以内。

凸轮基圆半径初步设计为 20mm，这个尺寸在结构设计时可以根据空间需求再作调整。

有了这些基本尺寸，就可以设计出凸轮轮廓了。

3. 玩具猫的结构设计

玩具猫的总体结构可分为面板、眼动机构、底板三部分，按照前中后的顺序排列，如图 1-1-9 所示。面板用来设计出玩具猫的形态，底板用来支承活动构件，并与面板连接在一起。

为了便于安装和维护内部结构，面板和底板之间采用可拆卸连接。机构部分藏在面板和底板之间，这样可以激发人们的好奇心和求知欲望。

（1）玩具猫外形设计　要设计出孩子喜爱的玩具，首先要了解猫的形态并提取其特征，并将其特征夸张形成卡通猫的形象。选取猫的头部轮廓作为玩具的主体形态，突出猫大大圆圆的眼部特征进行创意设计。结构设计时首先要满足 3D 打印制作工艺，同时还要考虑装配及拆卸方便。图 1-1-10 所示为玩具猫的面板造型。

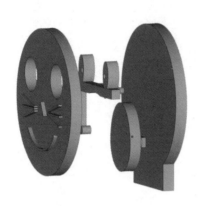
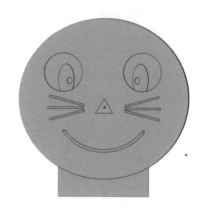

图 1-1-9　玩具猫的总体结构　　　　　图 1-1-10　玩具猫的面板造型

（2）玩具猫内部结构设计　玩具猫内部是眼动机构，即盘状凸轮机构。结构设计时主要考虑以下因素：

1）各传动件、支承件的结构形状与尺寸需要符合 3D 打印要求，要对打印位置、零件强度以及打印时长进行综合考虑。

2）根据零件之间的运动关系和配合要求，设计好主要尺寸及其公差，以确保能实现预定运动和顺利装配。

3）零件要有正确的定位和紧固，以保证零件在工作过程中具有确定的位置。

（3）结构设计时应注意的问题

1）整体尺寸的约束。零件的外观尺寸受 3D 打印机成形尺寸的约束。例如某 3D 打印机的成形尺寸为 200mm×200mm×240mm，那么零件的最大长度和宽度不能大于 200mm，高度不能大于 240mm。当模型尺寸大于设备成形尺寸时，可以考虑缩小模型或对模型进行拆分。

2）零件或零件的某些局部尺寸，如轴径、壁厚等不能设计得过小。这是因为既要考虑强度能否达到要求，也要考虑打印精度能否得到保证。

3）打印支撑。零件结构设计时要考虑到 3D 打印的 45° 法则，尽量避免在打印时添加模型支撑，以保证模型的精度和表面光滑度。

4）配合尺寸的设定。零件之间的配合可分为间隙配合和过盈配合。如果要求相互配合的两个零件之间有相对运动，那么就应留有合适的间隙。如果两个相互配合的零件装配完成后要固连在一起，就要有一定的过盈量。但是由于 3D 打印设备的工艺特点，零件的配合尺寸公差的选择不能按减材制造的工艺来选取，而应该根据设备的加工精度合理选择。一般来说，对于加工精度不高的 3D 打印设备，间隙配合的间隙量要选大一点，而过盈配合的过盈量要选小一些。具体尺寸的选择要根据打印设备的精度而定。

（4）结构改进设计　在结构初步设计完成后，还需要进一步的分析改进，以保证零件具有较好的加工、装配工艺特性，以使产品具有良好的使用性能。玩具猫在结构设计过程中，做了许多的改进。

（5）面板与底板的连接　初步设计面板与底板的连接时，采用的是卡扣结构，就是在底板边缘设计三个以上的凸出小圆柱，面板内侧的圆柱面扣在这些小圆柱上，这样作品的外观更整洁美观（结构详见图 1-1-9 和图 1-1-11）。但是在对面板和底板进行三维建模时发现，由于空间尺寸的限制，这些圆柱的尺寸比较小，直径为 2mm，这会导致在打印的过程中圆柱结构不稳定且易断，无法保证装配的强度要求。所以将面板与底板的连接方式改成了插槽结构（见图 1-1-12），以提高加工和装配的工艺性。

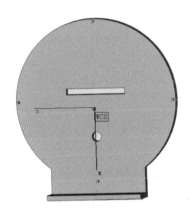

图 1-1-11　底板的初步设计方案

图 1-1-12　插槽结构

（6）凸轮从动件的结构　初步设计的凸轮从动件为滚子从动件，这样可以减轻机构运动过程中的摩擦力。但是零件的结构尺寸过小，无法保证零件的强度以及装配要求，所以将能够转动的滚子结构改为直接在从动件上做出圆弧形状的结构，如图 1-1-13 所示。

总之，在应用 3D 打印技术加工零件时，一定要在结构设计阶段充分考虑 3D 打印的特点，这样才能设计出合适的零件结构来。图 1-1-14 所示为打印出的实物（不含面板）。

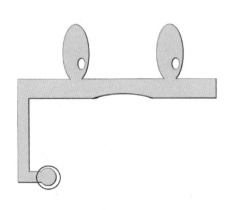

图 1-1-13　凸轮从动件的结构

图 1-1-14　打印出的实物（不含面板）

【任务拓展】

1. 场景描述

某玩具公司需要研发新款玩具猫，要求在前述玩具猫现有机械结构基础上，设计制作一款手部眼部联动的新款玩具猫。由于公司研发人员短缺，只着手设计了新版玩具猫的头部及眼部运动机械结构。该玩具公司人员找你们团队进行手部机械结构的相关设计，要求手部眼部联动，并增加玩具猫的身体部分，希望在两至三个工作日内完成新款玩具猫的设计与 3D 打印手板的制作。

企业高层找到相关负责人，请求帮忙解决问题。

相关负责人了解到以下需求：

1）设计一款简单美观的手部眼部联动的新款玩具猫，手部眼部的活动要求由一个凸轮联动。

2）根据手部结构，合理设计玩具猫身体外形，使其美观且有新意。

3）具有良好的性价比，在满足功能要求的前提下，尽量降低成本。

4）尽量做到结构简单，容易安装、维护。

5）结合 3D 打印制造工艺，优化零件结构及打印工艺。

2. 相关要求

请设计并绘制新款玩具猫的机构原理草图，并对机构的基本工作原理作简要说明。尽可能详细地拟订能实现该机构具体要求的工作计划、设计制作方案、生产流程等，并做必要的成本分析。

假如还有其他问题，需要与委托方或者其他用户或专业人员讨论的话，请写下来，并全面详细地陈述你的建议方案和理由。

3. 劳动工具与辅助工具

为了完成项目，允许使用学校常用的所有工具，如手册、专业书籍、游标卡尺、装有 CAD/CAM 等应用软件的计算机、笔记、计算器等。

4. 解决方案评价内容参考

（1）直观性 / 展示性

1）是否给出并详细讲解了装配示意图和其他示意图。

2）是否编写出一份一目了然的所用材料及部件的清单（如表格）。

3）图形、表格、用词等是否符合专业规范。

（2）功能性

1）从技术角度看，装配解决方案是否合理有效。

2）所设计的工作 / 装配流程是否合理。

3）所列的解释和描述在专业上是否正确。

4）是否能识别出各种解决方案的优缺点。

（3）使用价值导向

1）解释和草图是否外行人也能看得懂。

2）所设计的方案是否易于实施。

3）是否提出了超出客户期望的合理建议。

4）是否交给用户一份说明书，使其了解当使用过程中出现问题时如何应对。

（4）经济性

1）是否考虑到各种解决方案的费用和劳动投入量。

2）施工方案是否具有经济性。

3）在提出的多种方案中选择这种方案的理由是什么。

4）是否考虑了节能环保问题。

（5）工作过程导向

1）在解决方案中是否考虑到了客户的要求。

2）在确定施工工艺时，是否考虑了后期的维护与保养。

3）计划中是否考虑到了如何向客户移交产品。

4）是否有一个包括时间进度、人员安排的工作计划。

（6）社会接受度

1）是否考虑到安全施工、事故防范的内容。

2）方案中是否有人性化设计，如工作环境、场地设施是否关注员工的身体健康和考虑操作的方便性。

（7）环保性

1）是否考虑了废物（包括原装置未损坏部分）的再利用。

2）是否考虑了施工所产生废料的妥善处理办法。

（8）创造性

1）方案（包括备选方案）是否回应了客户提出的问题，例如人员身份、位置信息、共享安全等。

2）是否想到过创新的解决方案。

【参考案例】

1. 前期准备

某玩具公司需要研发新款玩具猫，已完成眼部活动设计，现该玩具公司找我们进行玩具猫手部眼部联动机构设计。我们接手该项目后，为了工作对接，与客户进行交流，得到了以下要求：

1）希望在两至三个工作日内完成玩具猫的设计与手板的打印。

2）手部和眼部活动需要使用同一个凸轮进行联动。

3）设计玩具猫的身体外形，要求美观且有新意。

4）具有良好的性价比，在满足功能要求的情况下，尽量降低成本。

5）要求结构简单，便于安装。

6）结合 3D 打印制造工艺，优化零件结构及打印工艺。

在得知客户的要求后，我们马上组建了 4 人小团队，设队长 1 名，主持开展项目讨论，研究工作目标，制订工作方案、生产流程等，并做必要的成本分析。

2. 工作流程拟订

对工作目标进行研究后，团队做出了以下的工作任务分配：

1）首先由工业设计师（队长郑同学）设计玩具猫外观，并交由甲方审阅，如不满意，则重新进行设计直至符合甲方要求。待甲方满意后，进行产品结构设计。

2）产品结构设计师（王同学）需对产品内部结构进行设计，各个零部件的设计要满足运动、强度、加工工艺等的要求。最终设计需经过小组讨论分析，合格后交由 3D 打印设备操作员进行下一步的工作。

3）3D 打印设备操作员（李同学）需对各个零件进行切片处理，正确选用合适的打印机和材料完成打印。经分析，外观面需满足表面粗糙度要求，那么需要选用创想三维 HALOT-SKY 4K 高精度光固化打印机进行外观打印，而内部机构零件则用 Ender-3 高精度 FDM 打印机进行打印。

4）编辑部（胡同学）进行产品说明书的撰写。

工作任务详细列表见表 1-1-1。

表 1-1-1　工作任务详细列表

工作人员	作业目标	预估费用 / 元	预计所需时间 /h	备注
工业设计师	完成产品外观设计	100	3	3D 打印机的相关费用依据实际情况而定
产品结构设计师	完成产品内部结构设计	120	2	
3D 打印设备操作员	完成切片任务	50	1	
3D 打印设备操作员	进行 3D 打印	200	3	
编辑部	撰写产品说明书	120	3	
总计		590	12	

3. 工作方案实施

（1）外观设计环节

1）按照原先制订的工作流程，由工业设计师设计产品外观，产品外观需满足以下几点要求：

a. 玩具猫的身体外形，要求美观且有新意。

b. 造型和色彩的设计要满足儿童的审美需求。

2）在了解玩具猫相关的设计内容和设计要求后，工业设计师郑同学开始进行外观设计。3h 后，设计师给出了两份设计方案，如图 1-1-15 所示。

a) 方案一　　　　　　　　　　　　　　　　b) 方案二

图 1-1-15　设计方案

3）经过团队讨论，两个方案都可行。接下来交由甲方审阅，最终甲方确定选用方案二。

4）方案二交由设计师进行进一步细节处理。为了美观和接近实际，设计师在玩具猫脖子处加上了铃铛图案。

（2）结构设计环节

1）工业设计师郑同学将产品外观设计好后交由结构设计师王同学进行内部结构设计。内部结构设计需满足以下几点要求：

a．当转动手柄时，玩具猫的眼睛能左右移动并带动玩具猫的手进行动作。

b．保证结构具有足够的强度、刚度和可靠性。

c．手部的移动距离受眼眶尺寸的限制，活动空间可以设定在 12mm 以内。

d．从动件的封闭形式既可以采用力封闭，也可以采用形封闭。

e．设定作品的最大尺寸在 180mm 以内。

f．连杆半径初步设定在 50mm 以内，这个尺寸在结构设计时可以根据空间需求再作调整。

g．面板和底板之间采用可拆卸连接。机构部分藏在面板和底板之间。

2）产品结构设计师王同学在了解相关的结构设计要求后，进行初步的机械原理设计。1h 后提出了以下三种设计方案，如图 1-1-16 所示。

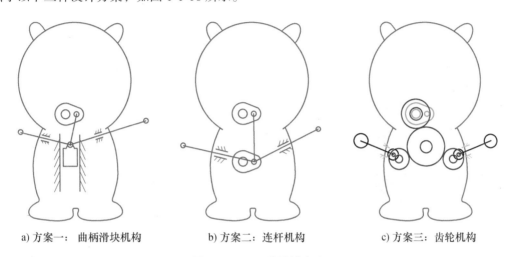

a) 方案一：曲柄滑块机构　　　　b) 方案二：连杆机构　　　　c) 方案三：齿轮机构

图 1-1-16　三种设计方案

团队对设计方案进行讨论。从运动功能来看，该设计要求眼睛左右移动的同时手部跟着联动，这就要求执行构件做往复直线运动。而方案三的齿轮机构难以实现此目的，所以不予考虑。

方案一的曲柄滑块机构和方案二的连杆机构都能满足运动功能的条件。对于技术性指标，主要考虑设计的快捷性、加工的工艺性、维护的便利性及空间的尺寸约束等因素。相对而言，曲柄滑块机构在这几方面都处于劣势，即设计上比较费时，加工工艺性也不好，还要占用较大的空间。因此机构的运动方案就聚焦到连杆机构了。

连杆机构设计简单，加工、装配的工艺性都很好，从而大大减少了工程设计，并且缩短了产品开发周期。后期无论采用切削加工还是增材制造，制作工艺性都非常好。从动件的封闭形式既可以采用力封闭，也可以采用形封闭。另外，还可以通过改变凸轮的远近休止角来改变眼睛在左右停顿的时间和手臂摆动的幅度，以增加玩具的趣味性。

团队讨论后最终采用连杆机构作为此项目的主要结构。

接下来由产品结构设计师进行后续设计。半小时后，设计师完成了产品初步的外形及结构设计草图，如图 1-1-17 所示。

初步草图绘制完成后进行三维建模。图 1-1-18 所示为模型的三视图。

模型制作时的细节考虑如下：

a．考虑到后期 3D 打印以及表面粗糙度要求，在面板背部不加任何结构件，面板和底板的连接采用插槽结构，如图 1-1-19 所示。

b．考虑到此物品的使用人群是儿童，需要在尖锐处倒圆角，如图 1-1-20 所示。

图 1-1-17　设计草图

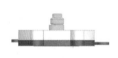

图 1-1-18　模型的三视图

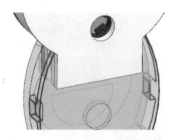

图 1-1-19　插槽结构

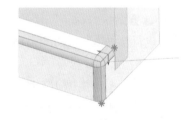

图 1-1-20　倒圆角

c. 为防止后期转动轴脱落，在轴上设置一圈限位环，如图 1-1-21 所示。

d. 为减少结构件的使用，此处的轴进行拔模处理，并且采用一体化打印的方式，如图 1-1-22 所示。

限位环

图 1-1-21　轴设计

图 1-1-22　拔模设计

最终经运动仿真和团队分析,此产品满足甲方所需要的外观和功能,可以进行后续的手板制作。

(3)3D打印环节 3D打印设备操作员(李同学)接到设计师的文件后,迅速对整个产品进行分析,并且需要考虑以下几点要求:

1)尽可能控制材料的成本。

2)打印机的最大尺寸。

3)尽可能压缩打印时间。

4)尽量少设甚至不设支撑。

5)保证产品外观光洁。

最终,操作员决定将面板和底板采用光固化打印机进行打印,眼动机构全都用FDM打印机打印,各打印机的参数见表1-1-2。

表 1-1-2 各打印机的参数

设备参数名称	类型	
	HALOT-SKY	Ender-3
成形技术	LCD 光固化	喷头喷丝
打印层厚 /mm	0.01 ~ 0.2	0.1 ~ 0.3
打印速度	1 ~ 4s/ 层	1m/min
打印尺寸	192mm × 120mm × 200mm	220mm × 220mm × 250mm
XY 轴精度 /mm	0.01 ~ 0.05	0.04 ~ 0.1
支持耗材	405nm 光敏树脂	ABS

完成模型切片后进行3D打印。打印总时间为3h,拆除支撑、装配和打磨的时间为1h。手板在4h后制作完成,实物如图1-1-23所示。然后进行运动试验,确认无异常后交由甲方审阅。最后由编辑部进行产品说明书的撰写。

图 1-1-23 手板实物

(4)产品说明书撰写环节 编辑部(胡同学)需收集设计时的所有文件资料和制作好的手板(便于制作撰写说明书时所需的图片),进行产品说明书的撰写,产品说明书需包含以下几点:

a. 产品的结构和规格。

b. 正确的安装、使用、操作、保养、维修和存放方法。

c. 此产品适用的人群。

d. 用户可能遇到的问题及其处理方法。

e. 生产日期和有效期。

f. 产品说明书的封底必须有生产企业的名称和地址,以及产品说明书的制作日期。

g.产品各部分的材料及处理方式（垃圾回收）。

编辑部完成编辑任务后交由团队队长审核，直至审核通过。图 1-1-24 所示为初步设计的产品说明书，后续还将进行改进。

玩具猫产品说明书

产品名称：手摇运动玩具猫

产品机械原理介绍：

手摇玩具猫背部的青色手柄，手柄将带动主轴连接的凸轮旋转，由于凸轮、限位槽和弹簧的作用，玩具猫的眼睛将做左右往复运动。同时凸轮会带动连杆(手部也可看作连杆)运动，手部由于限位块的作用会实现摇摆的动作。

产品的装配方式：

1) 将各零件按如下图所示的方法摆放。

2) 再将面板和手柄插入相应的槽和轴内。

3) 之后将后底板插入上底板的插槽内（此处的红色连杆与后底板采用一体化打印）。

4) 再将三个连杆按下图所示顺序依次插入轴上。

5) 最后将前底板插入定位轴中即可。

产品使用方式：

竖直放置玩具猫，一只手扶住玩具猫，另一只手转动手柄即可。

产品日常维护和保养：

1) 产品需放置在干燥处，以免内部金属弹簧生锈，导致后续运动问题。
2) 禁止在产品表面堆放杂物，以免压坏部分零件和结构。

产品报废处理方式：

此产品各部分均为可回收塑料制品。

此图为玩具猫的爆炸视图，仅作为参考

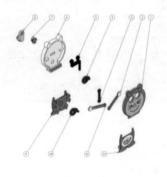

图 1-1-24　初步设计的产品说明书

4.进行验收与交付

1）向甲方提供产品说明书，并进行玩具使用演示。

2）如有必要可向甲方提供设计资料。

3）做好安全技术交底工作。

4）甲方无异议后交付尾款。

5. 盈利分析

盈利分析见表 1-1-3。经计算此次任务最终盈利为 640 元。

表 1-1-3 盈利分析

盈利项目	盈利金额 / 元	总计 / 元
外观设计	70	
结构设计	120	
3D 打印	250	640
产品说明书撰写	120	
耗材使用	30	
其他	50	

【任务评价】

任务评价表见表 1-1-4。

表 1-1-4 任务评价表

测试任务				玩具猫眼部手部联动机构设计				
能力项目			编码		姓名	日期		
一级能力	二级能力	序号	评分项说明		完全不符 0分	基本不符 1分	基本符合 3分	完全符合 5分
功能性能力	直观性/展示性	1	用机构运动简图、草图等表达机构设计方案					
		2	用二维或三维模型、零件图、装配图等表达零件结构					
		3	用爆炸动画或爆炸图表达各个零件的相互位置关系及装配顺序					
		4	用机构运动仿真动画表达机构的正确性和验证结构是否干涉					
		5	解决方案与专业规范或技术标准相符合，解决方案条理清晰，并撰写说明书					
	功能性	6	根据机构的自由度、机构具有确定运动的条件、机构的运动特性（轨迹、速度、急回特性等），分析机构设计是否满足功能性要求					
		7	分析各零件的结构是否满足 3D 打印造型的工艺					
		8	从零件的尺寸、形状、配合关系及零件的定位和紧固等分析零件结构设计的合理性					

（续）

测试任务			玩具猫眼部手部联动机构设计					
能力项目			编码		姓名		日期	
一级能力	二级能力	序号	评分项说明	完全不符 0分	基本不符 1分	基本符合 3分	完全符合 5分	
过程性能力	使用价值导向	9	产品说明书的解释和草图外行人也能看得懂					
		10	是否提出了超出用户期望的建议；对于委托方来说，方案是否具有价值					
		11	同一个功能要求要尽量设计多个机构方案并进行分析比较，一个机构方案要设计多个应用场景					
		12	产品的使用稳定性要好					
		13	是否考虑了后期的维修保养					
	经济性	14	根据工艺要求、材料物理特性及价格等选用物美价廉的材料					
		15	零件结构设计要能满足 3D 打印时消耗材料少、打印时间短、设备磨损低等要求					
		16	要考虑到各种解决方案的费用和劳动投入量					
		17	从降低总体成本的角度来设计方案，如适当采用标准件，零件结构尽量采用标准化设计					
	工作过程导向	18	根据设计生产流程及设计任务参与者的专业和技能特点将任务进行合理的分配					
		19	设计时要考虑是否符合 3D 打印工艺和后续安装工艺					
		20	计划中要考虑到如何向客户移交，要有进度表或工作计划					
		21	不同任务的成员之间要加强沟通、密切配合，前后作业之间要有效衔接					
设计能力	社会接受度	22	结构设计要适合人体的基本尺寸，符合人机工程学的基本原则，产品便于人操作					
		23	方案设计要注意预防错误操作，保证人员和设备的安全					
		24	尽量保证作品与社会和人的和谐关系，减少噪声、光污染等					
	环保性	25	方案设计要具有好的加工工艺性，加工工艺的选择要考虑节能减排					
		26	了解材料的特性，正确选择环保材料					
		27	方案设计时是否考虑到废料、零件、构件的回收利用					
	创造性	28	机构设计简单巧妙					
		29	机构设计既能满足工艺要求，也能满足功能要求，还能节约材料，具有很好的力学特性					
		30	产品的形态新颖、功能巧妙、便于后期推广					
小计								
合计								

任务 1.2 传动机构设计

【思维导图】

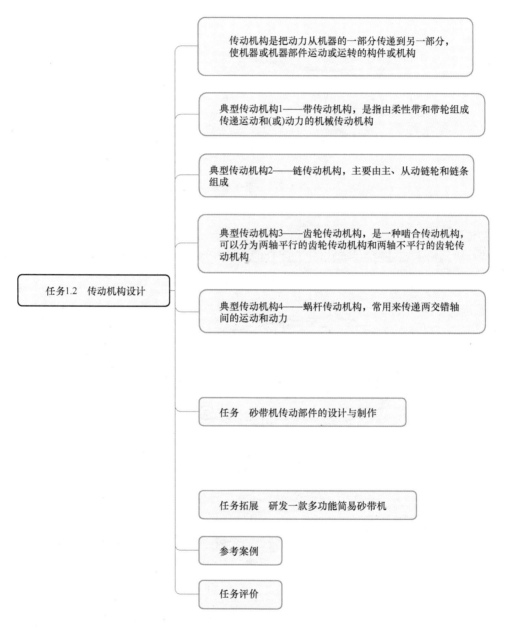

任务1.2 传动机构设计

- 传动机构是把动力从机器的一部分传递到另一部分，使机器或机器部件运动或运转的构件或机构
- 典型传动机构1——带传动机构，是指由柔性带和带轮组成传递运动和(或)动力的机械传动机构
- 典型传动机构2——链传动机构，主要由主、从动链轮和链条组成
- 典型传动机构3——齿轮传动机构，是一种啮合传动机构，可以分为两轴平行的齿轮传动机构和两轴不平行的齿轮传动机构
- 典型传动机构4——蜗杆传动机构，常用来传递两交错轴间的运动和动力
- 任务 砂带机传动部件的设计与制作
- 任务拓展 研发一款多功能简易砂带机
- 参考案例
- 任务评价

【知识导入】

机械设备是现代化生产制造过程中不可缺少的重要装备，它由动力装置、传动装置、执行装置组成。传动装置是动力装置和工作装置之间的连接桥梁，是一种在一定距离间传递动力和运动以及实现某些其他作用的装置。该装置由常见的机械传动机构组成，包括带传动机构、链传动机构、齿轮传动机构、蜗杆传动机构等。

1. 带传动机构

带传动机构由主动轮、从动轮和张紧在两轮上的封闭环形传动带组成，如图 1-2-1 所示。由于带的张紧作用，使带与带轮互相压紧。在正压力的作用下，带与两轮的接触面就产生了摩擦力。当主动轮回转时，在摩擦力的作用下，将传动带和从动轮一同拖动，实现了从动轮回转，这样就把主动轴的运动和动力传给了从动轴。所以这种带传动属于摩擦传动。

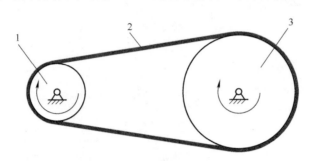

图 1-2-1 带传动机构

1—主动轮 2—传动带 3—从动轮

2. 链传动机构

链传动机构由主动链轮、从动链轮和闭合的挠性环形链条组成，如图 1-2-2 所示。链传动通过链与链轮轮齿的啮合传递运动和动力，属于有中间挠性件的啮合传动。

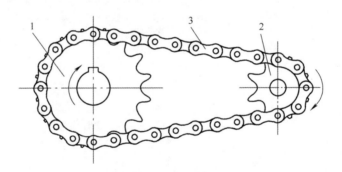

图 1-2-2 链传动机构

1—主动链轮 2—从动链轮 3—链条

假设某链传动机构中，主动链轮齿数为 z_1，从动链轮齿数为 z_2。主动链轮每转过一个齿，链条就移动一个链节，从动链轮也就被链条带动转过一个齿。当主动链轮转过 n_1 周，即转过 $n_1 z_1$ 个齿时，从动链轮就转过 n_2 周，即转过 $n_2 z_2$ 个齿。显然，主动链轮与从动链轮所转过的齿数相等，即

$$n_1 z_1 = n_2 z_2$$

由此可得，链传动的传动比为

$$i_{12} = \frac{n_1}{n_2} = \frac{z_2}{z_1} \tag{2-1}$$

式（2-1）表明，链传动中两轮的转速与它们的齿数成反比。

3. 齿轮传动机构

齿轮传动机构是一种啮合传动机构。当一对齿轮相互啮合而工作时，主动齿轮的轮齿在工作

转动时，会向从动齿轮的轮齿传递动力，逐个推动从动齿轮的轮齿转动，从而将主动轴的动力和运动传递给从动轴，如图 1-2-3 所示。

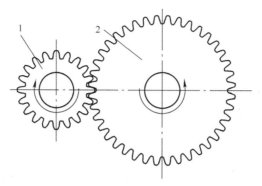

图 1-2-3 齿轮传动机构

1—主动齿轮 2—从动齿轮

图 1-2-3 中的一对齿轮传动，设主动齿轮的转速为 n_1、齿数为 z_1，从动齿轮的转速为 n_2、齿数为 z_2，则主动齿轮每分转过的总齿数为 n_1z_1，从动齿轮每分转过的总齿数为 n_2z_2。因为在两轮啮合传动过程中，主动齿轮转过一个齿，从动齿轮相应地也转过一个齿，所以在单位时间内两轮转过的齿数应该相等，即

$$n_1z_1 = n_2z_2$$

由此可得，这对齿轮的传动比为

$$i_{12} = \frac{n_1}{n_2} = \frac{z_2}{z_1} \tag{2-2}$$

式（2-2）表明，齿轮传动中两齿轮的转速与它们的齿数成反比。

4. 蜗杆传动机构

蜗杆传动机构主要由蜗杆和蜗轮组成，如图 1-2-4 所示，它们的轴线通常在空间交错成 90°。常用的普通蜗杆是一个具有梯形螺纹的螺杆，其螺纹有左旋、右旋和单头、多头之分。常用的蜗轮是一个在齿宽方向具有弧形轮缘的斜齿轮。当两轴线的交错角 $\Sigma = 90°$ 时，蜗杆的导程角与蜗轮分度圆柱螺旋角应大小相等且螺旋方向相同。

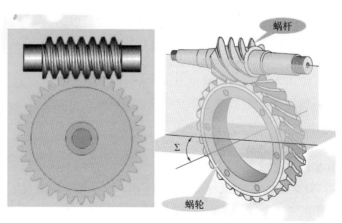

图 1-2-4 蜗杆传动机构

蜗杆传动一般以蜗杆为主动件，蜗轮为从动件。设蜗杆头数为 z_1（根据传动设计需要，蜗杆头数一般选 1、2、4、6 等），蜗轮齿数为 z_2，当蜗杆转动一圈时，蜗轮转过 z_1 个齿，即转过 z_1/z_2 圈。当蜗杆转速为 n_1 时，蜗轮的转速应为 $n_2 = n_1 z_1/z_2$。所以，蜗杆传动的传动比应为

$$i_{12} = \frac{n_1}{n_2} = \frac{z_2}{z_1} \tag{2-3}$$

更多相关知识，详见本书的配套资源。

【任务描述】

砂带机是一种磨削加工设备，广泛应用于平面、倒角、倒圆角等内容的磨削或抛光加工。砂带机根据应用场合的不同，有多种结构形式。在磨削和抛光加工时，与固体磨具砂轮相比，砂带机更为灵活与安全，精度更高，磨削成本更低。砂带机使用的砂带，是使用黏结剂将磨料黏结在纸、布等挠性材料上制成的，可以进行磨削和抛光加工的一种带状工具，它是涂附磨具的主要形式。

结合前面学习的带传动、齿轮传动等的相关知识，以非标砂带（20mm × 620mm）为参考依据，设计一款用于塑料、木头等低硬度材料打磨的小型简易砂带机。要求所设计的砂带机使用 12V 直流电动机驱动，具有砂带张紧功能，整体尺寸在 200mm × 200mm × 100mm 范围内，具体结构如图 1-2-5 所示。

图 1-2-5　小型简易砂带机

【任务分析】

砂带机的设计与制作需要用到带传动、齿轮传动等的相关知识，同时还应具备 3D 打印机操作和三维设计软件使用等相关技能。综合考虑产品的应用需要，完成砂带机的结构设计，在设计过程中应选用合适的标准件来实现砂带机各部件间的连接、固定以及传动等相关需要。从设备需求、材料选择、标准件确定、加工制作、组装调试等实际生产制造环节考虑产品的设计制作过程。

【任务目标 1】

1）根据带传动机构的结构及特点设计砂带机的基架部件结构。

2）结合砂带、轴承等标准件的尺寸设计带轮部件结构。

3）结合 3D 打印制造工艺优化零件结构以及打印工艺。

4）能够合理规划打印工艺并完成实物打印。

5）合理选择工具完成零件后置处理工作并完成实物装配。

【任务实施】

1. 创建砂带机基架模型面

（1）绘制基架底板截面图形　选 YZ 平面为草图平面，选择下拉菜单"插入"→"曲线"→"直线""圆"命令，系统弹出"直线""圆"对话框，绘制基架底板截面图形，其尺寸如图 1-2-6 所示。

（2）拉伸基架底板实体　退出草图绘制模式，选择下拉菜单"插入"→"设计特征"→"拉

伸"命令，系统弹出"拉伸"对话框，采用单向拉伸形式，矢量选择 X 轴。底板拉伸参数设置如图 1-2-7 所示，底板模型效果如图 1-2-8 所示。

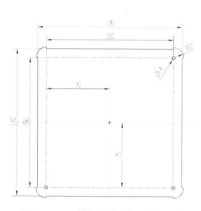

图 1-2-6 基架底板截面的尺寸

图 1-2-7 底板拉伸参数设置

图 1-2-8 底板模型效果（1）

（3）绘制基架支撑截面图形 选 YZ 平面为草图平面，选择下拉菜单"插入"→"曲线"→"直线""圆"命令，系统弹出"直线""圆"对话框，绘制基架支撑截面图形，其尺寸如图 1-2-9 所示。

（4）拉伸基架支撑实体 退出草图绘制模式，选择下拉菜单"插入"→"设计特征"→"拉伸"命令，系统弹出"拉伸"对话框，采用单向拉伸形式，矢量选择 X 轴。支撑拉伸参数设置如图 1-2-10 所示，底板模型效果如图 1-2-11 所示。

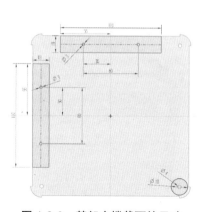

图 1-2-9 基架支撑截面的尺寸

图 1-2-10 支撑拉伸参数设置

图 1-2-11 底板模型效果（2）

（5）绘制张紧槽截面图形 选 YZ 平面为草图平面，选择下拉菜单"插入"→"曲线"→"直线""圆"命令，系统弹出"直线""圆"对话框，绘制张紧槽截面图形，其尺寸如图 1-2-12 所示。

（6）拉伸张紧槽实体 退出草图绘制模式，选择下拉菜单"插入"→"设计特征"→"拉伸"命令，系统弹出"拉伸"对话框，采用单向拉伸形式，矢量选择 X 轴。选择圆弧和整圆图形进行拉伸，其参数设置如图 1-2-13 所示，底板模型效果如图 1-2-14 所示。

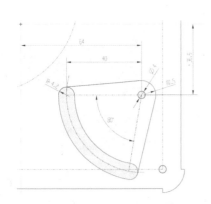

图 1-2-12　张紧槽截面的尺寸　　　图 1-2-13　张紧槽拉伸参数设置（1）　图 1-2-14　底板模型效果（3）

再次选择下拉菜单"插入"→"设计特征"→"拉伸"命令，系统弹出"拉伸"对话框，采用单向拉伸形式，矢量选择 X 轴。选择扇形图形进行拉伸，其参数设置如图 1-2-15 所示，底板模型效果如图 1-2-16 所示。

图 1-2-15　张紧槽拉伸参数设置（2）　　　　　　图 1-2-16　底板模型效果（4）

2. 创建带轮模型

（1）绘制带轮截面图形　选 YZ 平面为草图平面，选择下拉菜单"插入"→"曲线"→"直线"命令，系统弹出"直线"对话框，绘制带轮截面图形，其尺寸如图 1-2-17 所示。

（2）旋转带轮实体 退出草图绘制模式，选择下拉菜单"插入"→"设计特征"→"旋转"命令，系统弹出"旋转"对话框，曲线选择带轮截面，矢量选择 Z 轴。带轮旋转参数设置如图 1-2-18 所示，带轮模型效果如图 1-2-19 所示。

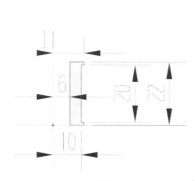

图 1-2-17 带轮截面的尺寸

图 1-2-18 带轮旋转参数设置

图 1-2-19 带轮模型效果

3. 创建张紧轮模型

（1）绘制张紧轮截面图形 选 YZ 平面为草图平面，选择下拉菜单"插入"→"曲线"→"直线"命令，系统弹出"直线"对话框，绘制张紧轮截面图形，其尺寸如图 1-2-20 所示。

（2）旋转张紧轮实体 退出草图绘制模式，选择下拉菜单"插入"→"设计特征"→"旋转"命令，系统弹出"旋转"对话框，采用单向旋转形式，矢量选择 Z 轴。张紧轮旋转参数设置如图 1-2-21 所示，张紧轮模型效果如图 1-2-22 所示。

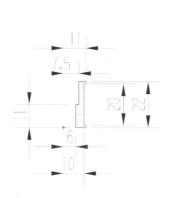

图 1-2-20 张紧轮截面的尺寸

图 1-2-21 张紧轮旋转参数设置

图 1-2-22 张紧轮模型效果

4. 创建张紧轮连接板模型

（1）绘制连接板截面图形 选 YZ 平面为草图平面，选择下拉菜单"插入"→"曲线"→"直线""圆"命令，系统弹出"直线""圆"对话框，绘制连接板截面图形，其尺寸如图 1-2-23 所示。

（2）拉伸连接板实体　退出草图绘制模式，选择下拉菜单"插入"→"设计特征"→"拉伸"命令，系统弹出"拉伸"对话框，采用单向拉伸形式，矢量选择 X 轴。连接板拉伸参数设置如图 1-2-24 所示，连接板模型效果如图 1-2-25 所示。

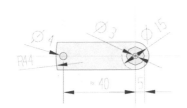

图 1-2-23　连接板截面的尺寸　　图 1-2-24　连接板拉伸参数设置　　图 1-2-25　连接板模型效果（1）

再次选择下拉菜单"插入"→"设计特征"→"拉伸"命令，系统弹出"拉伸"对话框，拉伸张紧手柄连接凸台。凸台拉伸参数设置如图 1-2-26 所示，连接板模型效果如图 1-2-27 所示。

图 1-2-26　凸台拉伸参数设置　　　　　　图 1-2-27　连接板模型效果（2）

5. 创建张紧手柄模型

（1）绘制张紧手柄截面图形　选 YZ 平面为草图平面，选择下拉菜单"插入"→"曲线"→"直线""圆"命令，系统弹出"直线""圆"对话框，绘制张紧手柄截面图形，其尺寸如图 1-2-28 所示。

（2）拉伸张紧手柄实体　退出草图绘制模式，选择下拉菜单"插入"→"设计特征"→"拉伸"命令，系统弹出"拉伸"对话框，采用单向拉伸形式，矢量选择 X 轴。手柄拉伸参数设置如图 1-2-29 所示，手柄模型效果如图 1-2-30 所示。

再次选择下拉菜单"插入"→"设计特征"→"拉伸"命令，系统弹出"拉伸"对话框，拉伸张紧手柄限位凸台。选择八边形和 ϕ12mm 圆形作为拉伸截面，布尔运算求和。凸台拉伸参数设置如图 1-2-31 所示，手柄模型效果如图 1-2-32 所示。

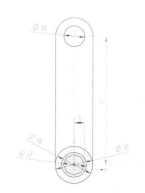

图 1-2-28 手柄截面的尺寸

图 1-2-29 手柄拉伸参数设置

图 1-2-30 手柄模型效果（1）

图 1-2-31 凸台拉伸参数设置（1）

图 1-2-32 手柄模型效果（2）

再次选择下拉菜单"插入"→"设计特征"→"拉伸"命令，系统弹出"拉伸"对话框，拉伸张紧手柄连接凸台。选择 ϕ18mm 圆形和 ϕ12mm 圆形作为拉伸截面，布尔运算求和。凸台拉伸参数设置如图 1-2-33 所示，手柄模型效果如图 1-2-34 所示。

图 1-2-33 凸台拉伸参数设置（2）

图 1-2-34 手柄模型效果（3）

【任务目标 2】

1）根据需要合理选择和计算齿轮相关参数。

2）结合齿轮参数合理设计基架结构。

3）结合 3D 打印制造工艺优化零件结构以及打印工艺。

4）能够合理规划打印工艺并完成实物打印。

5）合理选择工具完成零件后置处理工作并完成实物装配。

【任务实施】

1. 齿轮参数计算

已知：$z_1 = 2.2$mm、$z_1 = 15$、$z_2 = 45$、$z_3 = 18$、$B = 20$mm，求出 $d_1 = 33$mm、$d_2 = 99$mm、$d_3 = 39.6$mm。

2. 创建主动齿轮模型

（1）创建齿轮模型　选择下拉菜单"GC 工具箱"→"齿轮建模"→"圆柱齿轮建模"命令，系统弹出"渐开线圆柱齿轮建模"对话框，选择"创建齿轮"方式后单击"确定"，在弹出的"渐开线圆柱齿轮类型"对话框中选择"直齿轮""外啮合""滚齿"，单击"确定"，输入名称"Z1"、模数"2.2"、牙数"15"、齿宽"20"、压力角"20"，其他参数默认，单击"确定"。弹出"矢量选择"对话框，定义矢量选择"Z 轴"，单击"确定"。弹出"点"确认对话框，定义输出 X、Y、Z 坐标均为 0，单击"确定"，完成齿轮建模。齿轮模型如图 1-2-35 所示。

（2）绘制齿轮倒角截面图形　选 YZ 平面为草图平面，选择下拉菜单"插入"→"曲线"→"直线""圆"命令，系统弹出"直线""圆"对话框，绘制齿轮倒角截面图形，其尺寸如图 1-2-36 所示。

（3）旋转倒角　退出草图绘制模式，选择下拉菜单"插入"→"设计特征"→"旋转"命令，系统弹出"旋转"对话框，采用单向旋转形式。倒角效果如图 1-2-37 所示。

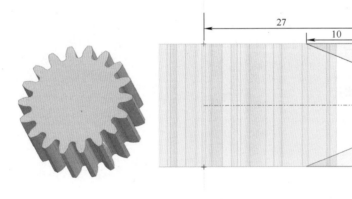
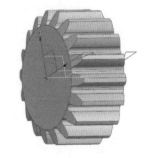

图 1-2-35　齿轮模型　　　图 1-2-36　齿轮倒角截面的尺寸　　　图 1-2-37　倒角效果

3. 创建齿轮轴孔

（1）绘制轴孔截面图形　选带轮端面为草图平面，选择下拉菜单"插入"→"曲线"→"圆"命令，系统弹出"圆"对话框，以断面圆心为基准，绘制轴孔截面图形，其尺寸如图 1-2-38 所示。

（2）拉伸轴孔实体　退出草图绘制模式，选择下拉菜单"插入"→"设计特征"→"拉伸"命令，系统弹出"拉伸"对话框，选择单向拉伸形式，矢量选择 Z 轴。轴孔拉伸参数设置如图 1-2-39 所示，齿轮模型效果如图 1-2-40 所示。

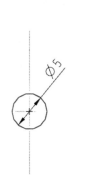

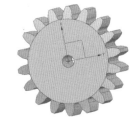

图 1-2-38　轴孔截面的尺寸　　　　图 1-2-39　轴孔拉伸参数设置　　　　图 1-2-40　齿轮模型效果

4. 创建惰轮模型

（1）创建惰轮倒角　惰轮参数已知，创建方法同上。首先绘制倒角截面图形，其尺寸如图 1-2-41 所示。然后利用旋转除料的方式完成倒角。倒角旋转参数设置如图 1-2-42 所示，惰轮倒角效果如图 1-2-43 所示。

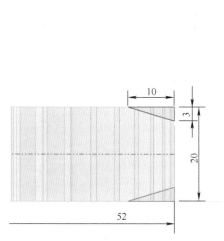

图 1-2-41　倒角孔截面的尺寸　　　　图 1-2-42　倒角旋转参数设置　　　　图 1-2-43　惰轮倒角效果

（2）绘制轴孔截面图形　选带轮端面为草图平面，选择下拉菜单"插入"→"曲线"→"圆"命令，系统弹出"圆"对话框，以断面圆心为基准，绘制轴孔截面图形，其尺寸如图 1-2-44 所示。

（3）拉伸轴孔实体　退出草图绘制模式，选择下拉菜单"插入"→"设计特征"→"拉伸"命令，系统弹出"拉伸"对话框，选择单向拉伸形式，矢量选择 Z 轴。轴孔拉伸参数设置如图 1-2-45 所示，惰轮模型效果如图 1-2-46 所示。

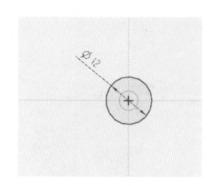

图 1-2-44　轴孔截面的尺寸

图 1-2-45　轴孔拉伸参数设置

图 1-2-46　惰轮模型效果

5. 创建从动齿轮模型

（1）创建从动齿轮倒角　从动齿轮参数已知，创建方法同上。首先绘制倒角截面图形，如图 1-2-47 所示。然后利用旋转除料的方式完成倒角。倒角旋转参数设置如图 1-2-48 所示，齿轮倒角效果如图 1-2-49 所示。

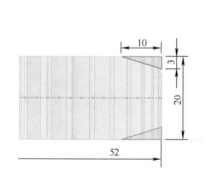

图 1-2-47　倒角截面的尺寸

图 1-2-48　倒角旋转参数设置

图 1-2-49　齿轮倒角效果

（2）绘制轴孔截面草图图形　选带轮端面为草图平面，选择下拉菜单"插入"→"曲线"→"圆"命令，系统弹出"圆"对话框，以断面圆心为基准，绘制轴孔截面图形，其尺寸如图 1-2-50 所示。

（3）拉伸轴孔实体　退出草图绘制模式，选择下拉菜单"插入"→"设计特征"→"拉伸"命令，系统弹出"拉伸"对话框，选择单向拉伸形式，矢量选择 Z 轴。轴孔拉伸参数设置如图 1-2-51 所示，齿轮模型效果如图 1-2-52 所示。

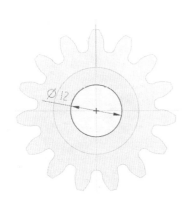

图 1-2-50 轴孔截面的尺寸　　图 1-2-51 轴孔拉伸参数设置　　图 1-2-52 齿轮模型效果

6. 创建基架齿轮安装孔

（1）绘制安装孔截面图形　打开基架模型文件，以 YZ 平面为草图平面。选择下拉菜单"插入"→"曲线"→"直线""圆""修剪"等命令，以基架几何中心为基准，绘制截面图形，其尺寸如图 1-2-53 所示。

（2）拉伸齿轮轮廓实体　退出草图绘制模式，选择下拉菜单"插入"→"设计特征"→"拉伸"命令，系统弹出"拉伸"对话框，选择单向拉伸形式，矢量选择 Z 轴。齿轮轮廓拉伸参数设置如图 1-2-54 所示，实体效果如图 1-2-55 所示。

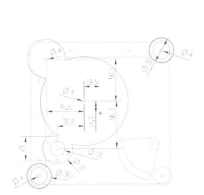

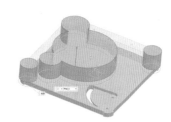

图 1-2-53 齿轮安装孔截面的尺寸　图 1-2-54 齿轮轮廓拉伸参数设置　图 1-2-55 实体效果

（3）拉伸齿轮定位孔实体　以 YZ 平面为草图平面，选择下拉菜单"插入"→"设计特征"→"拉伸"命令，系统弹出"拉伸"对话框，选择单向拉伸形式，矢量选择 Z 轴。齿轮定位孔拉伸参数设置如图 1-2-56 所示，齿轮定位孔截面的尺寸如图 1-2-57 所示，实体效果如图 1-2-58 所示。

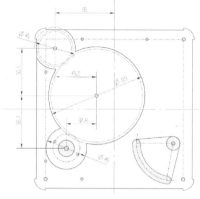

图 1-2-56　齿轮定位孔拉伸参数设置　图 1-2-57　齿轮定位孔截面的尺寸　图 1-2-58　实体效果

【任务拓展】

1. 场景描述

某企业根据实际生产需要，要求对现有砂带机的功能进行优化升级。在砂带机现有设备的基础上，需要设计制作一个具有可靠安装固定结构，能够实现安装钻夹头、安装切割锯片等功能的，针对多种不同材料进行打磨的多功能简易砂带机。该设备需要满足以下几点要求：

1）设计一套简单实用、动作合理、安全可靠的砂带机安装固定结构，绘制结构原理简图。

2）设计一套优化的砂带机功能，同时能够实现钻夹头、切割锯片等附加工具的可靠安装，即能够根据加工对象的不同方便地更换加工工具。

3）具有良好的性价比，在满足功能要求的前提下，尽量降低成本。

4）尽量做到美观实用，结构简单，容易安装、维护。

5）达到要求的传动效果，保证良好的传动效率。

6）要求该设备具有良好的适应性和扩展性，以满足其他场所和环境的需要。

2. 相关要求

请设计并绘制机构的原理草图及其控制系统的原理框图，并对机构的基本工作原理和控制原理做简要说明。尽可能详细地拟订能实现该机构具体要求的工作计划、设计制作方案、生产流程等，并做必要的成本分析。

假如还有其他问题需要与委托方、其他用户或专业人员讨论，请写下来，并全面详细地陈述你的建议方案和理由。

3. 劳动工具与辅助工具

为了完成任务，允许使用学校常用的所用工具，如手册、专业书籍、游标卡尺、装有 CAD/CAM 等相关应用软件的计算机、笔记、计算器等。

4. 解决方案评价内容参考

（1）直观性 / 展示性

1）是否给出并详细讲解了装配示意图和其他示意图。

2）是否编写出一份一目了然的所用材料及部件的清单（如表格）。

3）图形、表格、用词等是否符合专业规范。

（2）功能性

1）从技术角度看，装配解决方案是否合理有效。

2）所设计的工作／装配流程是否合理。

3）所列的解释和描述在专业上是否正确。

4）是否能识别出各种解决方案的优缺点。

（3）使用价值导向

1）解释和草图是否外行人也能看得懂。

2）所设计的方案是否易于实施。

3）是否提出了超出客户期望的合理建议。

4）是否交给用户一份说明书，使其了解当使用过程中出现问题时如何应对。

（4）经济性

1）是否考虑到各种解决方案的费用和劳动投入量。

2）施工方案是否具有经济性。

3）在提出的多种方案中选择这种方案的理由是什么。

4）是否考虑了节能环保问题。

（5）工作过程导向

1）在解决方案中是否考虑到了客户的要求。

2）在确定施工工艺时，是否考虑了后期的维护与保养。

3）计划中是否考虑到如何向客户移交。

4）是否有一个包括时间进度、人员安排的工作计划。

（6）社会接受度

1）是否考虑到安全施工、事故防范的内容。

2）方案中是否有人性化设计，如工作环境、场地设施是否关注员工的身体健康和考虑操作的方便性。

（7）环保性

1）是否考虑了废物（包括原装置未损坏部分）的再利用。

2）是否考虑了施工所产生废料的妥善处理办法。

（8）创造性

1）方案（包括备选方案）是否回应了客户提出的问题，例如人员身份、位置信息、共享安全等。

2）是否想到过创新的解决方案。

【参考案例】

1. 前期准备

收到委托方委托后，经过与委托方交流及对现有资料数据的汇总整理，并经团队成员讨论，决定接受委托任务。团队以项目的开发任务为基础，成立了项目组。项目组由组长小张、设计主管小李、工程主管小王、后勤主管小赵等成员组成。接受任务后，组长小张马上召集任务组成员开会。首先进行了初步分工：组长负责与委托方、相关部门联络沟通及方案设计和实施；在设计阶段设计主管和工程主管配合组长进行方案设计；设计完成后，后勤主管负责配件和材料外购，工程主管负责任务实施过程中的加工制造、组装调试等具体现场施工的操作和协调。

经与客户沟通，结合任务现有基础情况和现有设备、场地、资源等情况，项目组研讨明确了如下施工要点：

（1）技术要求 要求砂带机能够实现安装钻夹头、安装切割锯片等附加功能，结构简单，动作合理，美观实用，便于安装、维护，具有良好的适应性和拓展性，具有安装固定结构等。

使用过程中，操作方便，动作可靠。可根据实际需要，实现钻孔、切割、打磨等功能的切换。钻夹头、切割锯片的安装方便快捷，各部件间连接、固定可靠安全。在保证经济性的同时，降低设备整体制造成本，零件材料根据实际需要并结合性能与价格两方面因素择优选择，强度应满足设备自身功能需要。

（2）材料清单 材料清单见表 1-2-1。

表 1-2-1 材料清单

序号	内容/事项	规格	备注
1	张紧弹簧	0.6×6×35	为砂带张紧装置提供张紧力
2	连接螺钉	M4、M5	M4×30、M5×12，连接固定砂带机各零件
3	直流电动机	24V，795 双出轴	为砂带机提供动力并安装夹头
4	直流电源	24V，300W	为砂带机提供电源
5	调速器	PWM 调速器	调节砂带机转速
6	砂带	800mm×40mm	打磨工件
7	钻夹头	6H	带连接杆钻夹头，实现钻头、锯片夹头的夹持
8	锯片夹头	锯片连接杆 9mm	安装夹持锯片
9	麻花钻	6mm	钻孔
10	切割锯片	105mm×45mm×20mm，40T	切割
11	导线	3mm	线路连接
12	热缩管	5mm	线路连接处绝缘处理
13	接线端子	6.3mm 插簧连接器端子	电动机连接
14	法兰轴承	12mm×4mm	带轮连接

（3）其他要点 根据任务概况，预计需要 3D 打印造型师 1 人、机械结构设计工程师 1 人、机械加工制造工程师 1 人、机电调试工程师 1 人、后勤保证人员 1 人。注意通知相关工程部人员，如因工期较紧，准备随时开展施工作业或加班的准备。

2. 技术方案设计

砂带机设备主要由底座、机架、动力装置、张紧装置、带轮等部分组成。具体实施方案如下：

（1）设计思路

1）节约成本，缩短工期，任务尽量外购合适配件。电动机、轴承、张紧弹簧、连接螺钉、带轮等可选择外购，通过标准件的采购缩短加工制作周期，以保证尽快完成砂带机设备的安装、调试和使用。

2）对于没有库存和市场无供应的配件，项目部应结合现有材料和设备在最短时间内完成零配件的设计制作或加工定制。

3）基于施工安全考虑，有关电路设计、施工、机床加工操作等相关工作，需要具有一定资质的人员完成，并应确保施工过程中的人员安全和工程质量。

（2）结构原理

1）机械传动装置。该装置实现砂带机设备的正常使用，包括主动件（电动机）、带轮、砂带、张紧装置等。为保证强度、稳定性和使用寿命，运动部件间采用轴承连接，可降低摩擦，提高传动效率。砂带机机架安装在底座上，用螺栓联接的形式实现安装和固定。砂带缠绕在带轮上，主动轮以及其他带轮安装在机架相应位置。通过加工精度保证带轮的位置精度，从而实现砂带的可靠安装以及正常运转。主动带轮与电动机轴采用刚性连接的方式传递动力。张紧装置有张紧轮和张紧拉杆、弹簧三部分组成，利用弹簧拉力实现张紧。

2）电气控制以及电路连接。将控制器、电动机、开关以及其他相关电气元件装入砂带机指定位置。相关线路连接到指定电气元件上，实现砂带机的起停和调速控制。

（3）砂带机设备设计方案

1）方案 1。砂带机设备主要由动力装置、传动装置、固定装置、控制装置、砂带、钻夹头、锯片固定套、张紧装置等部分组成。动力装置能够提供砂带机工作所需的动力。传动装置能够将动力传递到砂带上，使砂带在传动装置的作用下实现运动，对物体进行打磨。控制装置可以实现砂带机的起动和停止，通过点位调节旋钮可以调节砂带转速。钻夹头和锯片固定套固定在电动机另一侧转轴上，可以实现一定直径范围内的锯片、钻头和铣刀的安装固定。通过锯片、钻头、铣刀可以对较软材料进行切削加工。方案 1 效果图如图 1-2-59 所示。

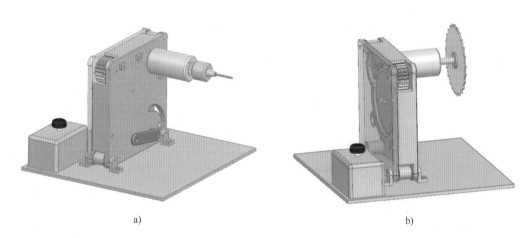

a)　　　　　　　　　　　　　　　　b)

图 1-2-59　方案 1 效果图

此方案的创新点如下：

a）外形简洁，结构可靠，价格经济，施工周期短。

b）工艺简单，可实施性强，无特殊工装和加工要求，加工制造成本低。

c）有效实现物体打磨、切削加工等动作。

2）方案 2。在方案 1 的基础上，添加了底座折叠、护罩平台附件、加大底座、拆分式控制器等，采用插头有线连接，砂带机可以通过底座转轴实现水平放置，砂带、锯片、钻头和铣刀等工具的空间位置可以实现 90~180mm 范围内人工调整。方案 2 效果图如图 1-2-60 所示。

方案 2 的创新点如下：

a）相对于方案 1，方案 2 装有护罩平台附件，操作过程更加安全。

b）添加转轴旋转功能，可以实现砂带机角度变化，应对不同角度的零件打磨和切削加工。

c）底座加大的设计，使设备运转过程中平稳性更好且便于安装固定。

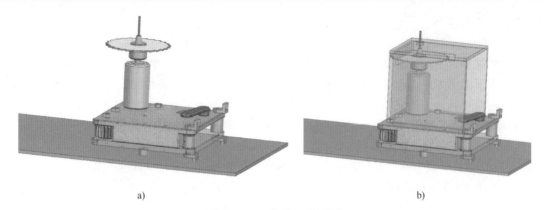

a)   b)

图 1-2-60   方案 2 效果图

（4）初步成本预算   任务成本的初步预算见表 1-2-2。

表 1-2-2   任务成本的初步预算

方案	任务							合计	时间
	1	2	3	4	5	6	7		
砂带机任务方案 1	电气元件采购 180 元	零件采购 150 元	方案设计 1000 元	非标零件加工 500 元	运输费用 100 元	人工费 500 元	交通餐饮 500 元	2930 元	30 天
砂带机任务方案 2	电气元件采购 180 元	零件采购 230 元	方案设计 1500 元	非标零件加工 1000 元	运输费用 100 元	人工费 500 元	交通餐饮 500 元	4010 元	35 天
备注	1. 按照任务工程量，预计需要 30~40 天才能完成，如果确实必须 18 天完成，就需要安排加班，应增加加班费 800 元 2. 原设备结构和零件如果可以继续使用，应根据施工实际适当调整								

（5）故障处理预案   公司现有设备有可能出现影响工程的故障，处理预案见表 1-2-3。

表 1-2-3   故障处理预案

序号	故障类型	原因说明	解决方法	备注说明
1	开关开启，设备无反应	开关损坏	更换配件	电压表测量，拆卸检查
		线路断开	重新接线	电压表测量
		电动机损坏	更换电动机	电压表测量
2	设备运转，砂带不动	砂带断裂	更换砂带	目测检查
		张紧装置故障	检查张紧装置	目测、拆卸检查
3	锯片抖动	紧固不到位	再次确认紧固	
		系统刚性不足	减小进给，缓慢切削	
4	钻头脱落、静止或移动	夹紧力不足	再次确认夹紧	
5	切削过程中铣刀抖动	系统刚性不足	减小进给，缓慢切削	
6	工作过程中抖动	底座固定螺钉松动	旋紧紧固螺钉	

3. 确定技术方案

经与委托方协商，决定采用方案 2，由于订单任务较急，客户要求加班完成。据此进行经费预算，在原有成本的基础上加收现场管理费 1000 元、加班费 1000 元、后续售后维修费 1000 元。

项目费用 =4010 元 +1000 元 +1000 元 +1000 元 =7010 元，发票税点 4.7%，项目总计结算费用为 7340 元。

4. 施工方案设计

任务组由组长小张、设计主管小李、工程主管小王、后勤主管小赵等成员组成。

第 1、2 天，完成施工现场勘查及制订出初步的项目实施方案，经与委托方沟通完成设计方案后，立刻进行材料采购以及加工制作前的准备工作。组长小张负责与企业以及相关部门对接沟通，了解相关政策，例如环保政策、物业政策、主管部门政策等，综合相关政策和企业实际生产需要二次优化施工方案。

第 3、4 天，根据客户选定的施工方案，设计主管小李带领团队完成项目结构和方案设计并生成材料采购清单和加工图纸。工程主管小王与设计主管小李实时沟通，对接项目内容，同步指挥施工现场完成项目制作的前期准备工作。

第 5~8 天，技术主管和工程主管同时在现场指挥，沟通非标零件的加工制作和标准件的采购计划。

第 9~15 天，工程主管小王全面协调设备零件的加工制作以及组装调试工作。将加工的零件和采购的配件运到施工现场。工程主管同技术主管一起确定零件规格、加工精度是否符合要求。指导相关零件的卸货存放位置，便于后期安装施工。

第 16 天，技术人员指导工人完成工程施工全部工作并做好施工收尾工作。技术人员指导工人完成设备安装以及线路连接等工作，并做好收尾工作。

第 17 天，设备调试人员进场，进行设备调试工作。通过调试设备使其能够稳定可靠运行。

第 18 天上午，指导企业相关人员完成设备操作的培训。企业进行现场验收，验收合格后签订工程验收单并交付委托方。

5. 实施

1）项目组人员结合相关部门政策和企业生产实际，在符合政策要求和不影响企业生产的前提下，优化设计和施工方案。

2）技术主管负责零部件和施工材料清单制定和采供工作。

3）工程主管根据具体施工要求选择相应施工人员，明确施工内容以及工程实施过程中重要的相关时间节点，并带领 4 名工人到现场做必要的安全围挡。

4）技术主管负责整个施工过程的总体协调工作。

5）工程主管带领施工人员携带设备、物料进场工作，同时担任安全监督员。

施工过程中的注意事项：

1）全面完成施工现场的安全围挡，贴挂相应的安全标识牌。

2）施工技术人员应具备相应的施工安装技术资质。

3）现场工作人员应做好相应安全措施，如穿戴手套、安全帽、反光背心等。

4）底座浇筑施工时应做好相应的降尘减噪措施，如湿水施工、佩戴口罩等。

5）撤场时做好卫生清理工作，施工过程中剩下的材料和零件应按照相关规定，将能够重复利用的和不能再次利用的进行分类回收处理，以便后期废物再利用。提倡节约资源、保护环境。

6. 竣工验收，交付使用

安装调试合格后，请委托方验收并对委托方口头作相应解释和交代相应的使用注意事项，双方签署含培训记录的验收单。最后把包含有使用注意事项、服务三包等内容的使用说明书交予委托方。

项目结束。

【任务评价】

任务评价表见表 1-2-4。

表 1-2-4　任务评价表

测试任务			砂带机优化设计方案的实施					
能力模块		编码		姓名		日期		
一级能力	二级能力	序号	评分项说明	完全不符 0分	基本不符 1分	基本符合 3分	完全符合 5分	
功能性能力	直观性/展示性	1	对委托方来说，解决方案的表述是否容易理解					
		2	对专业人员来说，是否恰当地描述了解决方案					
		3	是否直观形象地说明了任务的解决方案，如用图表或图画					
		4	解决方案的层次结构是否分明，描述解决方案的条理是否清晰					
		5	解决方案是否与专业规范或技术标准相符合（从理论、实践、制图、数学和语言方面考虑）					
	功能性	6	解决方案是否满足功能性要求					
		7	是否达到"技术先进水平"					
		8	解决方案是否可以实施					
		9	是否（从职业活动的角度）说明了各种设计的理由					
		10	表述的解决方案是否正确					
过程性能力	使用价值导向	11	解决方案是否提供了方便的保养和维修					
		12	解决方案是否考虑了功能扩展的可能性					
		13	解决方案中是否考虑了如何避免干扰并且说明了理由					
		14	对于使用者来说，解决方案是否方便、易于使用					
		15	对于委托方来说，解决方案（如设备）是否具有使用价值					
	经济性	16	实施解决方案的成本是否较低					
		17	时间与人员配置是否满足实施方案的要求					
		18	是否考虑了企业投入与收益之间的关系并说明理由					
		19	是否考虑了后续成本并说明理由					
		20	是否考虑了实施方案的过程（工作过程）的效率					

（续）

测试任务			砂带机优化设计方案的实施							
能力模块			编码		姓名		日期			
一级能力	二级能力	序号	评分项说明				完全不符 0分	基本不符 1分	基本符合 3分	完全符合 5分
过程性能力	工作过程导向	21	解决方案是否适合企业的生产流程和组织架构（包括自己和客户）							
		22	解决方案是否以工作过程为基础？（而不仅是书本知识）							
		23	是否考虑了上游和下游的生产流程并说明理由							
		24	解决方案是否反映出与职业典型的工作过程相关的能力							
		25	解决方案中是否考虑了超出本职业工作范围的内容							
设计能力	社会接受度	26	解决方案在多大程度上考虑了人性化的工作设计和组织设计方面的可能							
		27	是否考虑了健康保护方面的内容并说明理由							
		28	是否考虑了人机工程方面的要求并说明理由							
		29	是否注意到工作安全和事故防范方面的规定与准则							
		30	解决方案在多大程度上考虑了对社会造成的影响							
	环保性	31	是否考虑了环境保护方面的相关规定并说明理由							
		32	解决方案中是否考虑了所用材料是否符合环境可持续发展的要求							
		33	解决方案在多大程度上考虑了环境友好的工作设计							
		34	是否考虑了废物的回收和再利用并说明理由							
		35	是否考虑了节能和能量效率的控制							
	创造性	36	解决方案是否包含特别的和有意思的想法							
		37	是否形成了一个既有新意同时又有意义的解决方案							
		38	解决方案是否具有创新性							
		39	解决方案是否显示出对问题的敏感性							
		40	解决方案中，是否充分利用了任务所提供的设计（创新）空间							
小计										
合计										

任务 1.3　轴类部件设计

【思维导图】

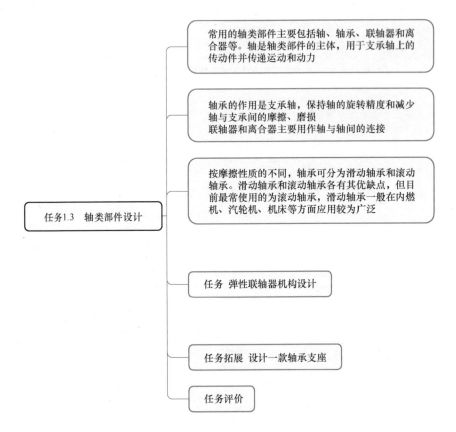

任务1.3　轴类部件设计

- 常用的轴类部件主要包括轴、轴承、联轴器和离合器等。轴是轴类部件的主体，用于支承轴上的传动件并传递运动和动力
- 轴承的作用是支承轴，保持轴的旋转精度和减少轴与支承间的摩擦、磨损
  联轴器和离合器主要用作轴与轴间的连接
- 按摩擦性质的不同，轴承可分为滑动轴承和滚动轴承。滑动轴承和滚动轴承各有其优缺点，但目前最常使用的为滚动轴承，滑动轴承一般在内燃机、汽轮机、机床等方面应用较为广泛
- 任务　弹性联轴器机构设计
- 任务拓展　设计一款轴承支座
- 任务评价

【知识导入】

1. 轴

轴是组成机器的重要零件，它的功用是支承传动零件（如齿轮、带轮等）并传递运动和动力。图 1-3-1 所示为轴在一减速装置中的应用。电动机通过带传动驱动减速器中的轴 2 旋转，轴 2 又通过一对齿轮带动轴 3 旋转，轴 3 端部装有联轴器，通过联轴器带动工作机械运转。由图 1-3-1 可知，除减速器内装有两根轴外，电动机和工作机械还分别装有轴 1 和轴 4。

按照轴的用途和受力情况不同，常用的轴可分为转轴、心轴、传动轴三类。

轴毂一般指轴毂联接，轴毂联接的功能主要是实现轴与轴上零件（如齿轮、带轮等）的周向固定并传递转矩。轴毂联接的形式很多，如键联接（见图 1-3-2）、花键联接（见图 1-3-3）、销联接（见图 1-3-4）等。

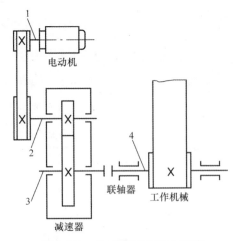

电动机

联轴器　工作机械

减速器

图 1-3-1　在减速器装置中的轴

1—电动机轴　2、3—减速器轴　4—工作机械轴

图 1-3-2　键联接

图 1-3-3　花键联接

图 1-3-4　销联接

2. 轴承

轴承即支承轴的零件，按其工作时摩擦性质的不同，轴承可分为滑动摩擦轴承（简称滑动轴承）和滚动摩擦轴承（简称滚动轴承）两类。而每一类轴承，按其所受载荷方向的不同，又可分为向心轴承、推力轴承和向心推力轴承等。

3. 联轴器

联轴器是用来连接不同机构中的两根轴（主动轴和从动轴），使之共同旋转以传递运动和动力的装置。用联轴器连接的两根轴，只有在机器停车后，经过拆卸才能将它们分离。

联轴器种类繁多，按传动方式有机械式、液力式和电磁式等。机械式联轴器是应用最广泛的一种联轴器，它是借助于机械零件间的相互作用力来传递扭矩的。

常用联轴器根据构造不同可分为刚性联轴器、挠性联轴器和安全联轴器。刚性联轴器中最具代表性的是凸缘联轴器和套筒联轴器。挠性联轴器中最具代表性的是齿式联轴器、滑块联轴器和万向联轴器。

4. 离合器

离合器与联轴器的作用一样，可以用来连接两个轴，不同的是离合器可根据工作需要，在机器运转过程中随时将两轴接合或分离。离合器的形式很多，常用的有牙嵌离合器、摩擦式离合器和超越离合器。

更多相关知识，详见本书的配套资源。

【任务描述】

联轴器是机械传动中非常重要的连接件，被广泛应用。

常用的联轴器大多已标准化或规格化，一般情况下只需要正确选择联轴器的类型、确定联轴器的型号及尺寸。必要时可对其易损的薄弱环节进行负荷能力的校核计算，转速高时还需验算其外缘的离心力和弹性元件的变形，进行平衡校验等。

结合前面所学习的轴类机构的相关知识，以弹性联轴器为例，学习和熟悉基本轴类机构的具体设计步骤。

【任务目标】

1）学习机械零件的相关理论知识，掌握机械零件设计的基本技能。

2）通过对弹性联轴器机构的设计，掌握机械零件结构的基本设计步骤。

3）掌握实体建模的各种创建及编辑方法。

4）掌握 NX 实体特征建模的基本概念以及建模方法。

5）掌握草图绘制方法、孔的设计及布尔运算等知识。

6）熟练使用各种查询工具。

7）能正确分析设计思路，对同类型机械零件进行设计。

8）会初步判断建模顺序，并合理安排设计过程。

9）培养学生善于观察、思考的习惯及手动操作的能力。

【任务分析】

1）观察实体建模下经典机械实例的轴类零件，例如弹性联轴器、轴承座零件等，思考其零件应具备的功能及其造型特点。

2）利用所学的 NX 软件的实体建模知识进行零件结构设计。供参考的设计案例如图 1-3-5 所示。

3）在完成上述轴承结构设计的基础上，进行同类产品的创新结构设计。

图 1-3-5 联轴器

【任务实施】

1. 绘制联轴器内芯

1）创建 1 个基准平面。创建 XC-YC 平面作为基准平面。

2）选择"菜单"→"GC 工具箱"→"圆柱齿轮"命令，绘制圆柱齿轮，如图 1-3-6 所示。

2. 绘制联轴器

1）选择"菜单"→"插入"→"草图"命令，选择 XC-YC 基准面绘制草图，直径 $D = 25$mm，如图 1-3-7 所示。

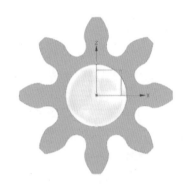

图 1-3-6 圆柱齿轮

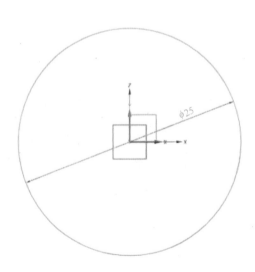

图 1-3-7 绘制草图

2）选择"插入"→"设计特征"→"拉伸"命令，在工作区拉伸圆（注意方向），创建实体，如图 1-3-8 所示。

图 1-3-8　创建实体

3）选择"菜单"→"插入"→"草图"命令，以齿轮下表面为基准面绘制草图，提取齿轮外轮廓线，如图 1-3-9 所示。

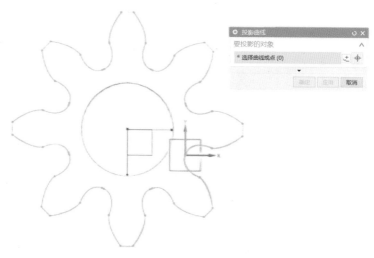

图 1-3-9　提取齿轮外轮廓线

4）选择"菜单"→"插入"→"派生曲线"→"连接"命令，将草图轮廓线桥接，如图 1-3-10 所示。

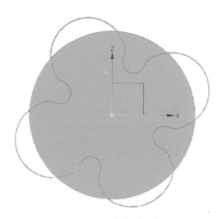

图 1-3-10　桥接轮廓线

5）选择"插入"→"设计特征"→"拉伸"命令，在工作区拉伸桥接后的轮廓线（注意方向，求差），创建实体，如图 1-3-11 所示。

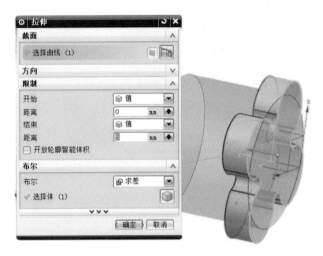

图 1-3-11　创建实体

6）选择"菜单"→"插入"→"草图"命令，以联轴器上表面为基准面绘制草图，如图 1-3-12 所示。

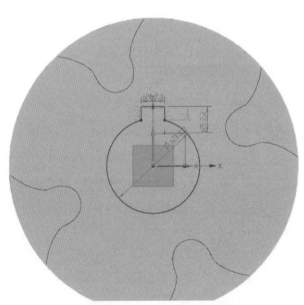

图 1-3-12　绘制草图

7）选择"插入"→"设计特征"→"拉伸"命令，选择工作区拉伸草图（注意方向，求差），创建实体，如图 1-3-13 所示。

8）选择"菜单"→"插入"→"草图"命令，选择联轴器下表面为基准面绘制草图，$D_1 =$ 18mm，$D_2 = 40$mm，如图 1-3-14 所示。

9）选择"插入"→"设计特征"→"拉伸"命令，选择工作区拉伸草图（注意方向，求差），创建实体，如图 1-3-15 所示。

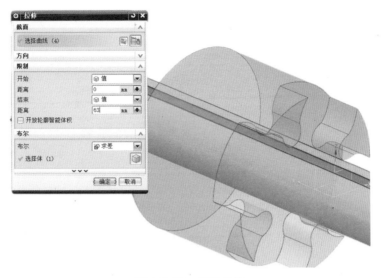

图 1-3-13　创建实体

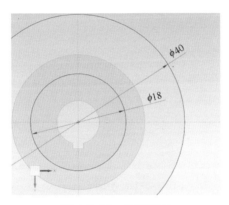

图 1-3-14　绘制草图

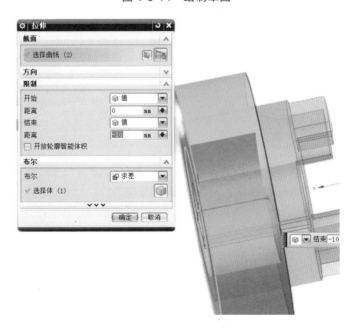

图 1-3-15　创建实体

10）选择"插入"→"设计特征"→"孔"→"螺纹孔"命令，创建螺纹孔，如图 1-3-16 所示。

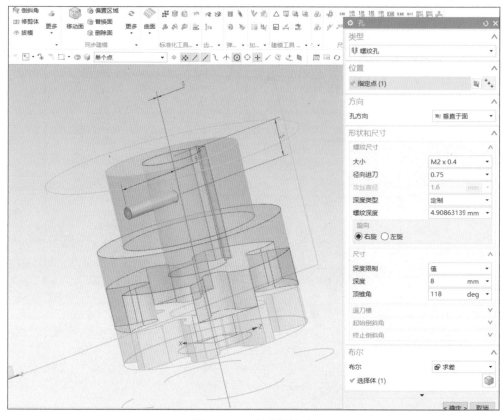

图 1-3-16　创建螺纹孔

11）选择"插入"→"关联复制"→"镜像特征"命令，选择 XC-YC 平面作为基准平面，选择联轴器实体特征进行镜像，创建实体，旋转 20°，如图 1-3-17 所示。

图 1-3-17　创建实体

【任务拓展】

1. 场景描述

某企业维修设备，要求根据现场需要设计一款轴承支座。该轴承支座需要满足以下几点要求：

1）该轴承支座属于维修配件，要求根据现场设备和条件，选择合适的指标参数，完成机构方案图的设计。

2）该轴承支座机构要简单实用、安全可靠，同时绘制出结构原理简图。

3）具有良好的性价比，在满足功能要求的前提下，尽量降低成本。

4）尽量做到美观实用，结构简单，容易安装、维护。

5）达到要求的调节效果，保证良好的工作效率。

6）要求该轴承支座具有良好的适应性和扩展性，以满足其他场所和环境的需要。

2. 相关要求

请设计并绘制轴承支座机构的原理草图及其三维装配效果图，并对机构装置的基本工作原理作简要说明。尽可能详细地拟订能实现该机构具体要求的工作计划、设计制作方案、生产流程等，并做必要的成本分析。

假如还有其他问题，需要与现场维修人员讨论的话，请写下来，并全面详细地陈述你的建议方案和理由。

3. 劳动工具与辅助工具

为了完成任务，允许使用学校常用的所有工具，如手册、专业书籍、游标卡尺、装有 CAD/CAM 等应用软件的计算机、笔记、计算器等。

4. 解决方案评价内容参考

（1）直观性和展示性

1）是否给出并详细讲解了装配示意图和其他示意图。

2）是否编写出一份一目了然的所用材料及部件的清单（如表格）。

3）图形、表格、用词等是否符合专业规范。

（2）功能性

1）从技术角度看，装配解决方案是否合理有效。

2）所设计的工作 / 装配流程是否合理。

3）所列的解释和描述在专业上是否正确。

4）是否能识别出各种解决方案的优缺点。

（3）使用价值导向

1）解释和草图是否外行人也能看得懂。

2）所设计的方案是否易于实施。

3）是否提出了超出客户期望的合理建议。

4）是否交给用户一份说明书，使其了解当使用过程中出现问题时如何应对。

（4）经济性

1）是否考虑到各种解决方案的费用和劳动投入量。

2）施工方案是否具有经济性。

3）在提出的多种方案中选择这种方案的理由是什么。

4）是否考虑了节能环保问题。

（5）工作过程导向

1）在解决方案中是否考虑到了客户的要求。

2）在确定施工工艺时，是否考虑了后期的维护与保养。

3）计划中是否考虑到如何向客户移交。

4）是否有一个包括时间进度、人员安排的工作计划。

（6）社会接受度

1）是否考虑到安全施工、事故防范的内容。

2）方案中是否有人性化设计，如工作环境、场地设施是否关注员工的身体健康和考虑操作的方便性。

（7）环保性

1）是否考虑了废物（包括原装置未损坏部分）的再利用。

2）是否考虑了施工所产生废料的妥善处理办法。

（8）创造性

1）方案（包括备选方案）是否回应了客户提出的问题，例如人员身份、位置信息、共享安全等。

2）是否想到过创新的解决方案。

【任务评价】

任务评价表见表 1-3-1。

表 1-3-1　任务评价表

测试任务			弹性联轴器机构设计					
能力模块			编码		姓名		日期	
一级能力	二级能力	序号	评分项说明	完全不符	基本不符	基本符合	完全符合	
功能性能力	直观性/展示性	1	用机构运动简图、草图等表达机构设计方案					
		2	用二维或三维模型、零件图、装配图等表达零件结构					
		3	用爆炸动画或爆炸图表达各个零件的相互位置关系及装配顺序					
		4	用机构运动仿真动画表达机构的正确性和验证结构是否干涉					
		5	解决方案与专业规范或技术标准相符合，解决方案条理清晰，并撰写说明书					
	功能性	6	根据机构的自由度、机构具有确定运动的条件、机构的运动特性（轨迹、速度、急回特性等），分析机构设计是否满足功能性要求					
		7	分析各零件的结构是否满足 3D 打印造型的工艺					
		8	从零件的尺寸、形状、配合关系及零件的定位和紧固等分析零件结构设计的合理性					
过程性能力	使用价值导向	9	解释和草图外行人也能看得懂					
		10	是否提出了超出用户期望的建议；对于委托方来说，方案是否具有价值					
		11	同一个功能要求要尽量设计多个机构方案并进行分析比较，一个机构方案要设计多个应用场景					
		12	产品的使用稳定性要好					
		13	是否考虑了后期的维修保养					
	经济性	14	根据工艺要求、材料物理特性及价格等选用物美价廉的材料					
		15	零件结构设计要能满足 3D 打印时消耗材料少、打印时间短、设备磨损低等要求					
		16	要考虑到各种解决方案的费用和劳动投入量					
		17	从降低总体成本的角度来设计方案，如适当采用标准件、零件结构尽量采用标准化设计					
	工作过程导向	18	根据设计生产流程及设计项目参与者的专业和技能特点将任务进行合理的分配					
		19	设计时要考虑是否符合 3D 打印工艺和后续安装工艺					
		20	计划中要考虑到如何向客户移交，要有进度表或工作计划					
		21	不同任务的成员之间要加强沟通、密切配合，前后作业之间要有效衔接					

（续）

测试任务			弹性联轴器机构设计				
能力模块			编码	姓名	日期		
一级能力	二级能力	序号	评分项说明	完全不符	基本不符	基本符合	完全符合
设计能力	社会接受度	22	结构设计要适合人体的基本尺寸，符合人机工程的基本原则，产品便于人操作				
		23	方案设计要注意预防错误操作，保证人员和设备的安全				
		24	尽量保证作品与社会和人的和谐关系，减少噪声、光污染等				
	环保性	25	方案设计要具有好的加工工艺性，加工工艺的选择要考虑节能减排				
		26	了解材料的特性，正确选择环保材料				
		27	方案设计时是否考虑到废料、零件、构件的回收利用				
	创造性	28	机构设计简单巧妙				
		29	机构设计既能满足工艺要求，也能满足功能要求，还能节约材料，具有很好的力学特性				
		30	产品的形态新颖、功能巧妙、便于后期推广				
小计							
合计							

任务 1.4　弹簧设计

【思维导图】

任务1.4　弹簧设计

- 弹簧是一种利用弹性来工作的机械零件，即用弹性材料制成的零件在外力作用下发生形变，除去外力后又恢复原状
  弹簧一般用弹簧钢制成。弹簧的种类复杂多样，按形状分，主要有螺旋弹簧、涡卷弹簧、板弹簧、异型弹簧等

- 按受力性质，弹簧可分为拉伸弹簧、压缩弹簧、扭转弹簧和弯曲弹簧
  按形状可分为碟形弹簧、环形弹簧、板弹簧、螺旋弹簧、截锥涡卷弹簧以及扭杆弹簧等
  按制作过程可以分为冷卷弹簧和热卷弹簧

- 普通圆柱弹簧由于制造简单，且可根据受载情况制成各种型式，结构简单，故应用最广

- 任务　圆柱压缩弹簧的机构设计

- 任务拓展　设计一款带弹簧的调节器

- 任务评价

【知识导入】

弹簧是一种利用弹性来工作的机械零件，广泛应用于机械和电子行业。弹簧在外力作用下能产生较大的弹性变形，将机械能或动能转换为变形能，而卸载后弹簧的变形消失并恢复原状，又将变形能转换为机械能或动能。

1. 弹簧分类

（1）弹簧按结构形状分类　可分为螺旋弹簧、环形弹簧、碟形弹簧、涡卷弹簧、板弹簧、扭杆弹簧、片状弹簧、平卷弹簧、恒力弹簧等。

（2）弹簧按所受应力状态分类　可分为拉伸弹簧、压缩弹簧、扭力弹簧。

（3）按成形方法与材料直径大小分类　可分为大型螺旋弹簧和小型螺旋弹簧两类。大型螺旋弹簧通常是热成形，小型螺旋弹簧是冷成形。

（4）按螺旋线方向分类　可分为左旋弹簧和右旋弹簧。

2. 弹簧材料

弹簧材料使用最多的是弹簧钢，其次是铜合金、不锈钢，一些场合还会用到橡胶和工程塑料等非金属材料。在选择材料时，应考虑弹簧的功用、重要程度、载荷大小、载荷的性质及循环特性、工作强度、周围介质、热处理和经济性等因素，同时也要参照现有设备中使用的弹簧，最终选出合适的材料。

3. 弹簧结构

不同弹簧的结构不同，这里重点介绍圆柱螺旋弹簧的结构形式。圆柱螺旋弹簧简称圆柱弹簧，可以分为圆柱螺旋压缩弹簧、圆柱螺旋拉伸弹簧和圆柱螺旋扭转弹簧。

（1）圆柱螺旋压缩弹簧　圆柱螺旋压缩弹簧简称压簧，承受轴向压力。压簧的材料截面形状多为圆形，也有圆锥形、中凸形、中凹形以及少量的非圆形出现。

（2）圆柱螺旋拉伸弹簧　圆柱螺旋拉伸弹簧简称拉簧，承受轴向拉力。按卷绕方法的不同，拉簧可分为无初应力拉簧和有初应力拉簧两种。无初应力拉簧的特性曲线与压簧的特性曲线相同。

（3）圆柱螺旋扭转弹簧　圆柱螺旋扭转弹簧简称扭簧。扭簧适用于普通冷卷圆柱扭转弹簧，钢丝直径 $D \geqslant 0.5\text{mm}$。

更多相关知识，详见本书的配套资源。

【任务描述】

弹簧是一种利用弹性来工作的机械零件，广泛应用于汽车、军事、日用品、仪器仪表等行业。

弹簧行业在整个制造业中虽然是一个小行业，但其所起的作用是绝对不可低估的。国家的制造业要加快发展，弹簧作为基础机械零件之一，弹簧行业就更加需要有一个发展的超前期，才能适应国家整个工业的快速发展。弹簧产品规模的扩大、质量水平的提高也是机械设备更新换代的需要和提高配套主机性能的需要。

弹簧在很早之前就得到应用了，古代的弓和弩就是两种广义上的弹簧。英国科学家胡克提出了胡克定律，即弹簧的伸长量与所受的力的大小成正比。正是根据这一原理，1776 年，使用螺旋压缩弹簧的弹簧秤问世。根据胡克定律制作的专供钟表使用的弹簧是胡克本人发明的。符合胡克定律的弹簧才是真正意义上的弹簧。

结合前面所学的弹簧的相关知识，以圆柱螺旋压缩弹簧为例，设计一款规格为 2.5mm×30mm×80mm，有效圈数为 12 圈，两端磨平的圆柱压缩弹簧。

【任务目标】

1）学习弹簧种类的相关理论知识，掌握弹簧造型设计的基本技能。

2）通过学习弹簧造型的三种画法，学会弹簧的基本设计步骤。

3）掌握曲线的光滑桥接及编辑方法。

4）掌握 NX 扫掠的基本概念以及扫掠建模的方法。

5）了解曲线与曲面光顺的各种技巧。

6）熟练使用各种查询工具。

7）在学习已有弹簧设计案例的基础上，设计一款圆柱压缩弹簧。

【任务分析】

1）观察生活、实践中常见的弹簧，思考其应具备的功能及造型特点。

2）利用所学的 NX 造型设计方法，完成规格为 2.5mm×30mm×80mm，有效圈数为 12 圈，两端磨平的圆柱压缩弹簧的设计。圆柱压缩弹簧的 3D 模型如图 1-4-1 所示，可供参考。

【任务实施】

1. 创建圆柱压缩弹簧的方法 1

（1）应用"GC 工具箱"工具　在"菜单"中找到 "GC 工具箱"，选择"弹簧设计"→"圆柱压缩弹簧"命令，如图 1-4-2 所示。

图 1-4-1　圆柱压缩弹簧的 3D 模型

a) 弹簧设计

b) 类型设置

图 1-4-2　GC 工具箱的应用

（2）设计圆柱压缩弹簧　例：设计一规格为 2.5mm×30mm×80mm，有效圈数为 12 圈，两端磨平的圆柱压缩弹簧，指定矢量和原点，并输入参数，如图 1-4-3 所示。

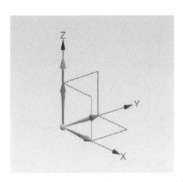

a) 原点与矢量

b) 参数设置

图 1-4-3 设计圆柱压缩弹簧

（3）自动生成圆柱压缩弹簧 单击【完成】，即可生成相应规格的圆柱压缩弹簧，如图 1-4-4 所示。

2. 创建圆柱压缩弹簧的方法 2

（1）应用"螺旋线"工具绘制弹簧 例：设计一外径为 20mm、截面为 1.6mm×5mm 的两端磨平的圆柱压缩弹簧。新建模型，在"菜单"中找到"插入"→"曲线"→"螺旋线"命令，如图 1-4-5 所示。

（2）生成螺旋线 输入相应参数，例如直径为 20mm，螺距为 5mm，圈数为 10 圈，指定矢量后单击【确定】，生成螺旋线，如图 1-4-6 所示。

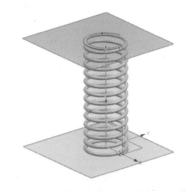

图 1-4-4 生成的圆柱压缩弹簧 3D 模型

图 1-4-5 螺旋线

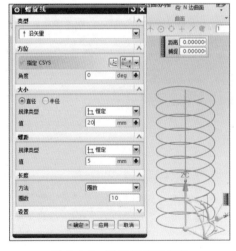

图 1-4-6 设置螺旋线参数

（3）绘制弹簧截面 弹簧截面为 1.6mm×5mm 的矩形截面。调整视角，创建草图，并绘制弹簧截面，选择起点，向内侧绘制矩形，完成草图，如图 1-4-7 所示。

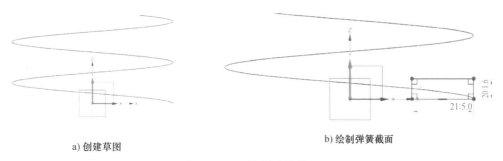

a) 创建草图   b) 绘制弹簧截面

图 1-4-7 绘制弹簧截面

（4）完成弹簧设计 选择"菜单"→"插入"→"扫掠"→"扫掠"命令，如图 1-4-8 所示。截面曲线选择矩形草图，引导线选择螺旋线，矢量选择 Z 轴，单击"确定"生成弹簧，如图 1-4-9 所示。

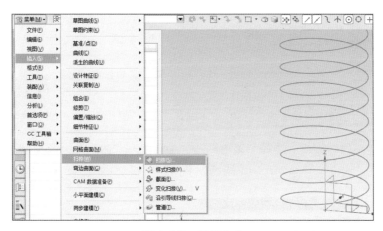

图 1-4-8 扫掠命令

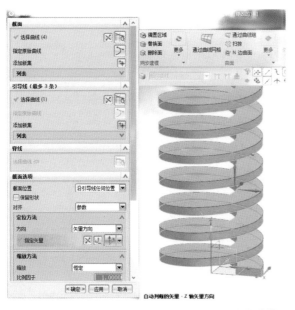

图 1-4-9 生成弹簧

3.创建圆柱压缩弹簧的方法 3

（1）设计一个两端压紧的弹簧　创建中间段螺旋线后，分别在两端方向创建坐标系，如图 1-4-10 所示。

（2）两端创建"紧密"螺旋线　两端创建的螺旋线螺距与弹簧钢丝直径一致，如图 1-4-11 所示。

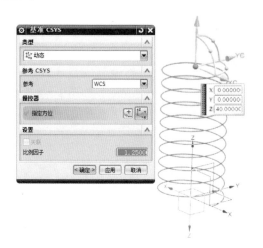

图 1-4-10　创建中间螺旋线

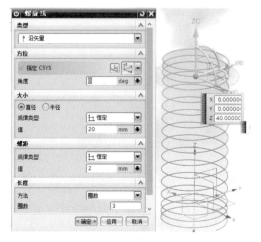

图 1-4-11　连续创建两端螺旋线

（3）光滑连接三段螺旋线　选择"菜单"→"编辑"→"曲线"→"长度"命令，修剪相邻两段螺旋线交界处，使得交界处分开一定距离，如图 1-4-12 所示。

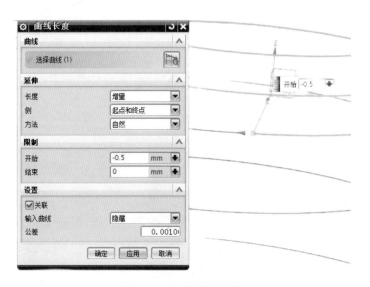

图 1-4-12　修剪交界处

（4）光滑桥接三段螺旋线　选择"插入"→"派生的曲线"→"桥接"命令，光滑桥接三段螺旋线，如图 1-4-13 所示。

（5）创建弹簧　选择"插入"→"扫掠"→"管道"命令，设置外径为 2mm，选择单段输出形式，最后生成弹簧，如图 1-4-14 所示。

a) 桥接指令

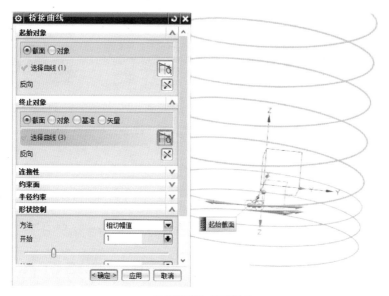

b) 光滑桥接三段螺旋线

图 1-4-13　桥接三段螺旋线

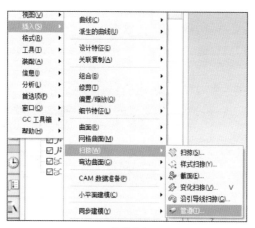

a) 管道命令

图 1-4-14　创建弹簧

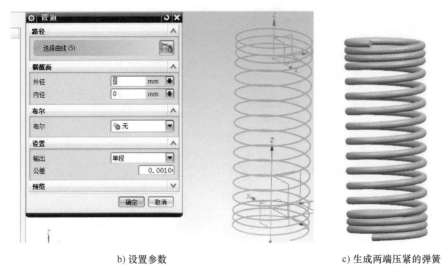

b) 设置参数　　　　　　　　　　　　c) 生成两端压紧的弹簧

图 1-4-14　创建弹簧（续）

【任务拓展】

1. 场景描述

某企业维修设备，根据现场需要设计一款带弹簧的调节器。该调节器需要满足以下几点要求：

1）该调节器属于维修配件，需要根据现场设备和条件，选择合适的参数，完成机构方案图设计。

2）该调节器机构要简单实用、动作合理、安全可靠，同时绘制出结构原理简图。

3）具有良好的性价比，在满足功能要求的前提下，尽量降低成本。

4）尽量做到美观实用，结构简单，容易安装、维护。

5）达到要求的调节效果，保证良好的工作效率。

6）要求该调节装置具有良好的适应性和扩展性，以满足其他场所和环境的需要。

2. 相关要求

请设计并绘制机构装置的原理草图及动作仿真效果图，并对机构装置的基本工作原理作简要说明。尽可能详细地拟订能实现该机构具体要求的工作计划、设计制作方案、生产流程等，并做必要的成本分析。

假如还有其他问题，需要与现场维修人员讨论的话，请写下来，并全面详细地陈述你的建议方案和理由。

3. 劳动工具与辅助工具

为了完成任务，允许使用学校常用的所有工具，如手册、专业书籍、游标卡尺、装有 CAD/CAM 等应用软件的计算机、笔记、计算器等。

4. 解决方案评价内容参考

（1）直观性 / 展示性

1）是否给出并详细讲解了装配示意图和其他示意图。

2）是否编写出一份一目了然的所用材料及部件的清单（如表格）。

3）图形、表格、用词等是否符合专业规范。

（2）功能性

1）从技术角度看，装配解决方案是否合理有效。

2）所设计的工作/装配流程是否合理。

3）所列的解释和描述在专业上是否正确。

4）是否能识别出各种解决方案的优缺点。

（3）使用价值导向

1）解释和草图是否外行人也能看得懂。

2）所设计的方案是否易于实施。

3）是否提出了超出客户期望的合理建议。

4）是否交给用户一份说明书，使其了解当使用过程中出现问题时如何应对。

（4）经济性

1）是否考虑到各种解决方案的费用和劳动投入量。

2）施工方案是否具有经济性。

3）在提出的多种方案中选择这种方案的理由是什么。

4）是否考虑了节能环保问题。

（5）工作过程导向

1）在解决方案中是否考虑到了客户的要求。

2）在确定施工工艺时，是否考虑了后期的维护与保养。

3）计划中是否考虑到如何向客户移交。

4）是否有一个包括时间进度、人员安排的工作计划。

（6）社会接受度

1）是否考虑到安全施工、事故防范的内容。

2）方案中是否有人性化设计，如工作环境、场地设施是否关注员工的身体健康和考虑操作的方便性。

（7）环保性

1）是否考虑了废物（包括原装置未损坏部分）的再利用。

2）是否考虑了施工所产生废料的妥善处理办法。

（8）创造性

1）方案（包括备选方案）是否回答了客户提出的问题，例如人员身份、位置信息、共享安全等。

2）是否想到过创新的解决方案。

【任务评价】

任务评价表见表 1-4-1。

表 1-4-1　任务评价表

测试任务			圆柱压缩弹簧的机构设计						
能力模块			编码		姓名		日期		
一级能力	二级能力	序号	评分项说明			完全不符	基本不符	基本符合	完全符合
功能性能力	直观性 / 展示性	1	用机构运动简图、草图等表达机构设计方案						
		2	用二维或三维模型、零件图、装配图等表达零件结构						
		3	用爆炸动画或爆炸图表达各个零件的相互位置关系及装配顺序						
		4	用机构运动仿真动画表达机构的正确性和验证结构是否干涉						
		5	解决方案与专业规范或技术标准相符合，解决方案条理清晰，并撰写说明书						
	功能性	6	根据机构的自由度、机构具有确定运动的条件、机构的运动特性（轨迹、速度、急回特性等），分析机构设计是否满足功能性要求						
		7	分析各零件的结构是否满足 3D 打印造型的工艺						
		8	从零件的尺寸、形状、配合关系及零件的定位和紧固等分析零件结构设计的合理性						
过程性能力	使用价值导向	9	解释和草图外行人也能看得懂						
		10	是否提出了超出用户期望的建议；对于委托方来说，方案是否具有价值						
		11	同一个功能要求要尽量设计多个机构方案并进行分析比较，一个机构方案要设计多个应用场景						
		12	产品的使用稳定性要好						
		13	是否考虑了后期的维修保养						
	经济性	14	根据工艺要求、材料物理特性及价格等选用物美价廉的材料						
		15	零件结构设计要能满足 3D 打印时消耗材料少、打印时间短、设备磨损低等要求						
		16	要考虑到各种解决方案的费用和劳动投入量						
		17	从降低总体成本的角度来设计方案，如适当采用标准件、零件结构尽量采用标准化设计						
	工作过程导向	18	根据设计生产流程及设计项目参与者的专业和技能特点将任务进行合理的分配						
		19	设计时要考虑是否符合 3D 打印工艺和后续安装工艺						
		20	计划中要考虑到如何向客户移交，要有进度表和工作计划						
		21	不同任务的成员之间要加强沟通，密切配合，前后作业之间要有效衔接						
设计能力	社会接受度	22	结构设计要适合人体的基本尺寸，符合人机工程的基本原则，产品便于人操作						
		23	方案设计要注意预防错误操作，保证人员和设备的安全						
		24	尽量保证作品与社会和人的和谐关系，减少噪声、光污染等						

（续）

测试任务			圆柱压缩弹簧的机构设计						
能力模块			编码		姓名		日期		
一级能力	二级能力	序号	评分项说明			完全不符	基本不符	基本符合	完全符合
设计能力	环保性	25	方案设计要具有好的加工工艺性，加工工艺的选择要考虑节能减排						
		26	了解材料的特性，正确选择环保材料						
		27	方案设计时是否考虑到废料、零件、构件的回收利用						
	创造性	28	机构设计简单巧妙						
		29	机构设计既能满足工艺要求，也能满足功能要求，还能节约材料，具有很好的力学特性						
		30	产品的形态新颖、功能巧妙、便于后期推广						
小计									
合计									

【拓展阅读】

突破从探索未知开始

古人云："工欲善其事，必先利其器。"科学研究作为高度复杂的专业性工作，它需要借助比较先进的科学仪器设备，即大科学装置。通过建造大科学装置，大幅提升人类探索自然奥秘的能力，有力推动基础前沿研究和综合交叉探索，可以为我国高新技术的研发和核心技术的突破提供重要的平台和关键的手段。因此，大科学装置俨然成为我国抢占未来科技竞争制高点的国之重器。

大科学装置是为科技创新、探索自然的奥秘、发现新的自然规律、促进技术的变革等提供极限研究手段的复杂的大型科学研究系统。从历史上来看，在 1950 年之前，利用大科学装置获得诺贝尔奖的只有 1 项；20 世纪 70 年代，有 40% 的诺贝尔物理学奖是利用大科学装置获得的；1990 年以后，48% 的诺贝尔物理学奖主要是应用大科学装置获得的。尤其是 21 世纪以来，有 20 多项诺贝尔物理学奖来自重大科技基础设施相关的工作。现在，重大科技基础设施已经成为做出重大原创成果、实现关键核心技术突破、抢占科技竞争制高点的利器，也是全面体现国家综合实力和科技创新能力的一个重要标志。

爱因斯坦曾预言："未来科学的发展无非是继续向宏观世界和微观世界进军。"当前，宏观研究前沿可以概括为"两暗一黑三起源"。"两暗"就是暗物质和暗能量，"一黑"就是黑洞，"三起源"就是宇宙的起源、天体的起源和宇宙生命的起源。所谓暗物质，就是它本身不发光，也不与光和电磁波发生作用。暗物质、暗能量占宇宙总物质量的 95% 以上。光学望远镜、射电望远镜都不能直接观察到暗物质，但是暗物质有一定的质量，可以通过其他间接实验方法证明有暗物质存在。但是暗物质到底是什么，目前并不是很清楚。所以暗物质、暗能量是当代宇宙学、物理学最前沿的研究方向，是认识宇宙起源和演化的关键。我国也在积极开展暗物质、暗能量的研究，2015 年，由中国科学院牵头，发射了"悟空"号暗物质粒子探测卫星，这颗卫星搭载了一个高分辨率的空间高能粒子望远镜，在太空当中已经运行了五年多，采集了很多数据，有一些新的发现，这些发现非常重要。目前还在不断地积累数据，一旦得到证实的话，可能对于暗物质的研究或者其他新粒子的研究会有非常重要的影响。

　　人类在探索无尽宇宙的同时，也从未放弃对周边物质世界微观层面的探究。自从制造出显微镜，人类就不再为肉眼的局限所困。此后，被无限放大的微观世界，为人类打开了另一扇认识自己和宇宙万物的窗户。随着观测工具的不断进步，关于什么是构成物质的最小单位，人类一次次刷新着认知极限，也由此刷新着对物质和生命本质的理解。对无穷小的微观世界的探究，在 20 世纪引发了一系列的科技革命。如果没有 DNA 的发现，就没有今天人们已经习以为常的基因技术，更不会有 20 世纪下半叶兴起的生物技术革命。

　　从宏观层面的宇宙探索到微观层面的基本粒子研究，大科学装置帮助人类突破了认知极限。从中观层面来说，重大科学基础设施能帮助人类不断地认识和理解自身赖以生存和发展的环境，而且重大科技基础设施也是服务经济社会发展的国之重器。

项目2 外 观 设 计

外观设计是指形状、图案、色彩或其结合的设计，同时外观设计必须富有美感。其中，形状是指三维产品的造型；图案一般是指二维的平面设计；色彩可以是构成图案的成分，也可以是构成形状的部分。所以，外观设计可以是立体的造型，可以是平面的图案，可以是辅以适当的色彩，还可以是三者的有机结合。事实上，运用形状、图案、色彩对产品的外表进行装饰或设计，必然会为产品带来一定的美感。

当前，产品外观设计主要是在满足产品结构功能的基础上实现产品外观的美化。企业要尽可能从产品造型、材质、工艺等环节降低成本，提高产品的附加值和市场竞争力，促进产品的销售，提升企业的品牌形象。产品外观设计不再是简单、粗糙的美化，而是更加细腻、精致的设计。设计师在产品外观设计中越来越注重细节的处理。

工业产品外观设计不是简单的机器或用具的美化，而是在充分考虑产品的功能、技术性能、制造工艺、环境等因素的基础上，使功能、工艺结构、操作特性、尺度比例、环境、制造成本、使用者心理相协调的一门技术。它将生产与消费各个环节的因素统一表现在产品上，是将技术、消费者心理与视觉艺术有机结合起来的一门边缘性学科。人们看到汽车，对这辆车的第一印象肯定是它的外观造型，它给人的视觉冲击力确实非常重要，但这还远远不够，因为经过一段时间，外形的吸引力会逐渐减少，甚至消失。所以强烈的情感必须建立在上述各因素的结合之上。除了汽车的外观，它的内部也是复杂的，各部件是精美的，内饰又亲切宜人，只有这样，才能长时间保持车与人之间的"磁场"。当消费者站在一辆车前面时，不仅面对它的外观，还面对它复杂的内部，只有内外的结合才能产生真正持久美好的感觉。对于一个设计师来说，他要设计的不仅是汽车的造型，还要考虑到汽车的内部结构和细微之处。设计师需要有丰富的知识，不然设计的汽车很可能不能使用。设计美感来自对产品高品质的追求，设计是造型与技术、品味与功能的结合，应使美感与功能和谐融合。

工业产品外观设计在一定程度上反映了一个国家的繁荣和物质文明水平以及文化艺术的成就，同时也反映着一个国家的工业技术水平。工业产品外观设计在不同种类的产品中作用不尽相同，但在市场上有时它的作用却是决定性的，影响着消费者的购买选择，从而在某种程度上决定了产品在市场上的竞争力。产品造型作为一种艺术形式，由于有技术发展、消费需求的不断变化以及市场竞争作为其发展的推动力，将呈现出引导人类文化发展的一种态势，对美化环境、陶冶审美情趣、提高人类的文化素养有着非常积极的意义。

本项目的学习导图如下。

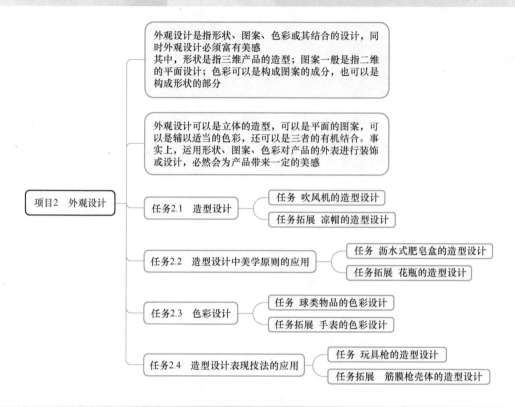

外观设计是指形状、图案、色彩或其结合的设计，同时外观设计必须富有美感
其中，形状是指三维产品的造型；图案一般是指二维的平面设计；色彩可以是构成图案的成分，也可以是构成形状的部分

外观设计可以是立体的造型，可以是平面的图案，可以是辅以适当的色彩，还可以是三者的有机结合。事实上，运用形状、图案、色彩对产品的外表进行装饰或设计，必然会为产品带来一定的美感

项目2 外观设计

任务2.1 造型设计

任务 吹风机的造型设计
任务拓展 凉帽的造型设计

任务2.2 造型设计中美学原则的应用

任务 沥水式肥皂盒的造型设计
任务拓展 花瓶的造型设计

任务2.3 色彩设计

任务 球类物品的色彩设计
任务拓展 手表的色彩设计

任务2.4 造型设计表现技法的应用

任务 玩具枪的造型设计
任务拓展 筋膜枪壳体的造型设计

任务 2.1 造型设计

【思维导图】

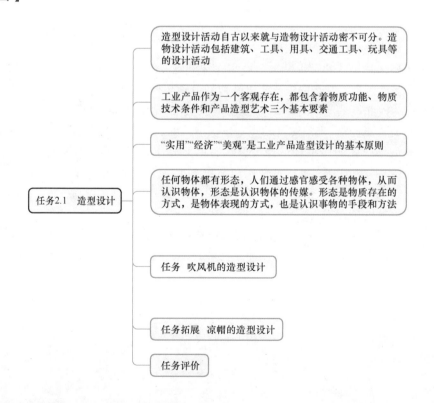

造型设计活动自古以来就与造物设计活动密不可分。造物设计活动包括建筑、工具、用具、交通工具、玩具等的设计活动

工业产品作为一个客观存在，都包含着物质功能、物质技术条件和产品造型艺术三个基本要素

"实用""经济""美观"是工业产品造型设计的基本原则

任何物体都有形态，人们通过感官感受各种物体，从而认识物体，形态是认识物体的传媒。形态是物质存在的方式，是物体表现的方式，也是认识事物的手段和方法

任务2.1 造型设计

任务 吹风机的造型设计

任务拓展 凉帽的造型设计

任务评价

【知识导入】

造型设计活动自古以来就与造物设计活动密不可分。造物设计活动包括建筑、工具、用具、交通工具、玩具等的设计。从某种意义上来说，造物设计活动是人类征服自然、改造自然的必然结果。通过造物设计活动，人类延伸、增长了自身的能力。造物设计活动离不开材料、机构、结构、制作技术，利用材料、机构与结构，产品具有了某种增强或扩展人类自身能力的功能。在赋予材料与机构、结构某种功能的同时，物质材料必然以某种造型呈现在人们的面前。例如，万里长城是我国古代劳动人民智慧和才华的丰碑，是中华民族精神的象征，建造长城是为了防御当时外族的侵略，但由于长城绵延万里且多建在跌宕起伏的山峦之间，形成了一幅奇伟壮观的美景；居家生活使用的锅、碗、瓢、盆、刀、铲、勺、筷子等用具，农业生产使用的犁、耙、锹、锄等工具，在各具功能的同时，也各具形态。人类就是在这种长期的造物设计活动中发展并完善着自身。

总的来说，工业产品造型设计的任务就是对批量生产的工业产品，赋予材料、结构、形态、色彩、表面加工及装饰，形成新的品质和资格。工业产品造型设计主张产品技术的先进性和科学性，主张在应用先进的科学技术和生产方式的前提下，发展视觉审美情趣，主张依靠技术发展和市场的需求变化作为产品形态发展的推动力。

消费者的多元化需求向工业产品造型设计提出了更高的要求。随着社会的发展和技术的进步，以及社会生活的日益丰富和生活情趣的多元化，要求企业能够不断地为生产者和消费者提供更多的可供选择的产品，产品不仅要在功能和性能上满足用户的需要，还要在形态、色彩和表面肌理、人机操作界面等要素上满足用户不断发展变化的情感需要。因此，工业产品造型设计的任务具有精神和物质双重功能。

产品全球化的竞争迫使企业越来越重视工业产品造型设计。从现代企业经营的角度看，合作化、协作化生产使得现代产品的生产已经不再是传统生产方式下的那种"大而全"的形式，不同品牌的产品可能用的是同一家生产设备，一个品牌产品的企业生产者甚至可能仅仅是一个装配性的企业。产品的差异在于企业的产品对消费者需求的满足程度，消费者并不十分关心产品功能、性能实现的具体方式。例如，购买洗衣机时，消费者关心的是它不损伤衣物，而且能有效地把衣物洗干净，便于操作，外观新颖、美观大方，与环境相协调。因此，把不同的功能组件组合为满足消费者需求的具有一定功能的产品，成为产品开发的一大任务。产品品牌形象是沟通企业与消费者的重要桥梁，工业产品造型设计对塑造产品品牌形象有着重要作用。

更多相关知识，详见本书的配套资源。

【任务描述】

造型设计在我们的日常生活中随处可见，下面就以大家最熟悉的吹风机为例进行设计说明。

吹风机主要用于头发的干燥和整形，也可供实验室、理疗室及工业生产、美工等机构做局部干燥、加热和理疗。根据它所使用的电动机类型，吹风机可分为交流串激式、交流罩极式和直流永磁式。交流串激式吹风机的优点是起动转矩大，转速高，适合制造大功率的吹风机，缺点是噪声大，换向器对电信设备有一定的干扰。交流罩极式吹风机的优点是噪声小，寿命长，对电信设备不会造成干扰，缺点是转速低，起动性能差，重量大。直流永磁式吹风机的优点是重量轻，转速高，制造工艺简单，造价低，物美价廉。

吹风机的种类虽然很多，但是结构大同小异，都由壳体、手柄、电动机、风叶、电热元件、挡风板、开关、电源线等组成。

结合前面所学习的产品外观造型相关知识，设计一款吹风机的外观造型。

【任务目标】

1）学习产品外观造型的相关理论知识，掌握产品造型设计的基本技能。

2）通过对吹风机壳体的曲面造型设计，掌握产品外观造型的基本设计步骤。

3）掌握曲线的各种创建及编辑方法。

4）掌握 NX 曲面特征建模的基本概念以及建模方法。

5）了解曲线与曲面光顺的各种技巧。

6）熟练使用各种查询工具。

7）在已有产品造型设计的基础上，创新设计一款新型吹风机壳体外罩。

【任务分析】

1）观察生活中常见的吹风机，思考其外壳零件应具备的功能及造型特点。

2）利用所学的 NX 曲面特征建模知识进行吹风机壳体的造型设计。供参考的吹风机壳体造型设计案例如图 2-1-1 所示。

3）在完成上述吹风机壳体造型设计的基础上，创新设计一款新型的吹风机壳体。

图 2-1-1　吹风机壳体的 3D 模型

【任务实施】

1. 创建机体壳

（1）创建 5 个基准平面　创建与 XC-YC 平面分别相距 -10mm、0mm、40mm、50mm、120mm 的 5 个基准平面，如图 2-1-2 所示，然后可以在各个基准平面上绘制圆或椭圆等草图，如图 2-1-3 所示。

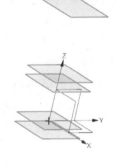

图 2-1-2　创建 5 个基准平面

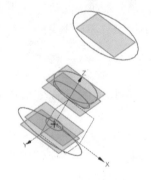

图 2-1-3　草图示例

（2）绘制草图　依次在 5 个基准平面上绘制 5 个草图，即在基准平面 1 上绘制草图 1，在基准平面 2 上绘制草图 2，依此类推，如图 2-1-4 所示。

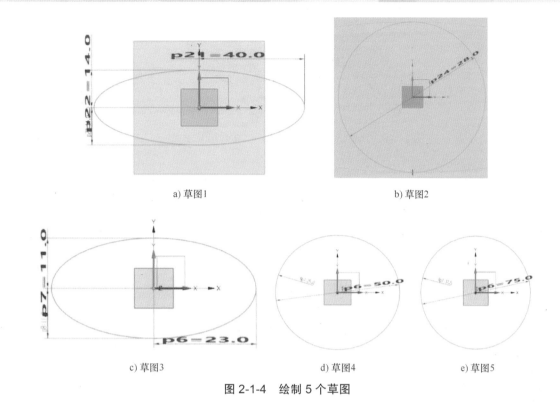

a) 草图1　　　　　　　　　　　　　b) 草图2

c) 草图3　　　　　　d) 草图4　　　　　　e) 草图5

图 2-1-4　绘制 5 个草图

（3）创建机体腰部　选择"插入"→"网格曲面"→"通过曲线组"命令，在工作区中依次选择草图 2、4、5（注意指示箭头方向，如无法让 3 个圆指向同一方向，可以画一条穿过 3 个圆圆心的样条线），创建机体腰部，如图 2-1-5 所示。

（4）创建机体出风口　选择"插入"→"网格曲面"→"通过曲线组"命令，在工作区中依次选择草图 1、3 的两个椭圆，创建机体出风口，如图 2-1-6 所示。

（5）布尔运算求和（见图 2-1-7）

图 2-1-5　创建机体腰部

图 2-1-6　创建机体出风口

图 2-1-7　布尔运算求和

（6）创建球体　选择"插入"→"设计特征"→"球"命令，类型选择"圆弧"，选中工作区中直径为 75mm 的圆，创建球体，如图 2-1-8 所示。

（7）修剪球体　选择"插入"→"修剪"→"修剪体"命令，在工作区中选择球体为目标体，选择基准平面 5（草图 5 所在的基准平面）为刀具体，修剪球体，如图 2-1-9 所示。

（8）布尔运算求和（见图 2-1-10）。

（9）抽壳　在工作区中选中出风口底面，设置壳体厚度为 1，完成抽壳操作，如图 2-1-11 所示。

图 2-1-8　创建球体　　图 2-1-9　修剪球体　　图 2-1-10　布尔运算求和　　图 2-1-11　抽壳

2. 创建散热槽

（1）创建基准平面 6　创建与 XC-YC 平面距离 140mm 的基准平面，如图 2-1-12 所示。

（2）绘制草图 6　在基准平面 6 上绘制草图 6，如图 2-1-13 所示。

（3）拉伸草图 6　开始时距离为 0mm，结束时距离为 20mm，布尔运算求差，如图 2-1-14 所示。

 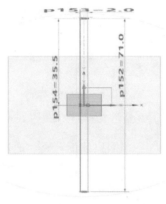 

图 2-1-12　创建基准平面 6　　　　图 2-1-13　绘制草图 6　　　　图 2-1-14　拉伸创建散热槽

（4）创建线性阵列散热槽　选择"插入"→"关联复制"→"阵列特征"命令，布局选择"线性"，在工作区中选择散热槽，在间距中选择"数量与节距"，数量设为 8，节距设为 4.5mm，选择 XC 方向为指定矢量，并开启"对称"选项，如图 2-1-15 所示。

3. 创建手柄壳体

（1）创建基准平面 7、8、9　创建与 XC-ZC 平面分别相距 40mm、55mm、122mm 的 3 个基准平面，如图 2-1-16 所示，并在各基准平面上绘制圆角矩形，具体尺寸参见图 2-1-17b、图 2-1-18、图 2-1-19。

 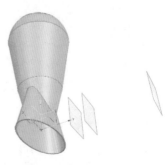

图 2-1-15　创建线性阵列散热槽　　　　图 2-1-16　创建基准平面 7、8、9

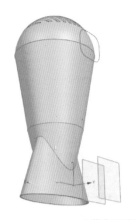

a) 基准平面7

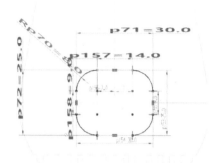

b) 绘制草图7

图 2-1-17　在基准平面 7 上绘制圆角矩形

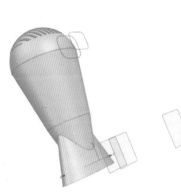

a) 基准平面8

b) 绘制草图8

图 2-1-18　在基准平面 8 上绘制圆角矩形

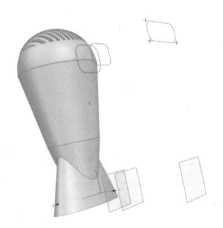

a) 基准平面9

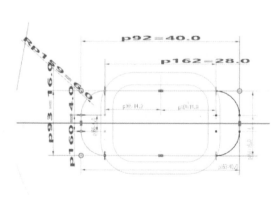

b) 绘制草图9

图 2-1-19　在基准平面 9 上绘制圆角矩形

（2）创建投影　选择"插入"→"派生曲线"→"投影"命令，选择草图 7 作为投影曲线，投影平面选择机体和球体的内表面。投影曲线如图 2-1-20 所示。

（3）创建基准平面 10　创建 YC-ZC 基准平面，如图 2-1-21 所示。

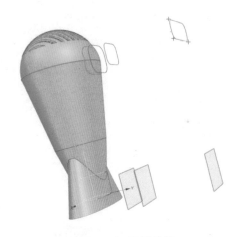

图 2-1-20　投影曲线

图 2-1-21　创建基准平面 10

（4）绘制手柄横向轮廓线　选择基准平面 10 作为草图平面，绘制艺术样条曲线，如图 2-1-22 所示。

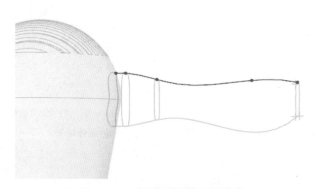

图 2-1-22　绘制手柄横向轮廓线

（5）扫掠手柄曲线　选择"插入"→"扫掠"→"扫掠"命令，在工作区选择纵向的轮廓线作为截面，选择艺术样条曲线作为引导线（注意方向），并设置相关设计参数，如图 2-1-23 所示。

（6）创建有界平面　选择"插入"→"曲面"→"有界平面"命令，选择手柄端面边缘线，创建有界平面，如图 2-1-24 所示。

（7）缝合曲面　选择"插入"→"组合"→"缝合"命令，选中手柄作为目标体，选择手柄底面作为刀具体，缝合曲面，如图 2-1-25 所示。

（8）创建边倒圆　半径设为 2mm，选择手柄底面边缘线，创建边倒圆，如图 2-1-26 所示。

（9）加厚手柄曲面　选择"插入"→"偏置 / 缩放"→"加厚"命令，选中手柄曲面，设置向内偏置的厚度为 1mm，加厚手柄曲面，如图 2-1-27 所示。

图 2-1-23 扫掠手柄曲线

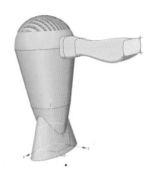

图 2-1-24 创建有界平面

图 2-1-25 缝合曲面

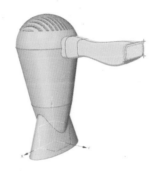

图 2-1-26 创建边倒圆

图 2-1-27 加厚手柄曲面

【任务拓展】

1. 场景描述

某企业根据实际生产需求，需要增加凉帽的品种和样式。由于公司研发人员短缺，导致凉帽品种过于单一。该企业人员找到你们团队进行凉帽外观造型的相关设计，要求美观大方、富有创意，并希望在两至三个工作日内完成新款凉帽的造型设计与 3D 打印手板制作。

企业高层找到相关负责人，请求帮忙解决问题。

相关负责人了解到以下需求：

1）设计一顶简单实用、美观大方、富有创意的凉帽，绘制造型设计简图。

2）具有良好的性价比，在满足功能要求的前提下，尽量降低成本。

3）尽量做到美观实用、结构简单、容易维护。

4）达到要求的美观效果，以保证良好的宣传效果。

5）要求该凉帽具有良好的适应性和扩展性，以满足其他场所和环境的需要。

2. 相关要求

请设计绘制结构草图，并对结构的新颖性创意作简要说明。尽可能详细地拟订能实现该造型设计的具体工作计划、制作方案、生产流程等，并做必要的成本分析。

假如还有其他问题，需要与委托方或者其他用户或专业人员讨论的话，请写下来，并全面详细地陈述你的建议方案和理由。

3. 劳动工具与辅助工具

为了完成任务，允许使用学校常用的所有工具，如手册、专业书籍、游标卡尺、装有 CAD/CAM 等应用软件的计算机、笔记、计算器等。

4. 解决方案评价内容参考

（1）直观性 / 展示性

1）是否给出并详细讲解了造型示意图和其他示意图。

2）是否编写出一份一目了然的所用材料及部件的清单（如表格）。

3）图形、表格、用词等是否符合专业规范。

（2）功能性

1）从技术角度看，造型解决方案是否合理有效。

2）所设计的工作 / 装配流程是否合理。

3）所列的解释和描述在专业上是否正确。

4）是否能识别出各种解决方案的优缺点。

（3）使用价值导向

1）解释和草图是否外行人也能看得懂。

2）所设计的方案是否易于实施。

3）是否提出了超出客户期望的合理建议。

4）是否交给用户一份说明书，使其了解当使用过程中出现问题时如何应对。

（4）经济性

1）是否考虑到各种解决方案的费用和劳动投入量。

2）施工方案是否具有经济性。

3）在提出的多种方案中选择这种方案的理由是什么。

4）是否考虑了节能环保问题。

（5）工作过程导向

1）在解决方案中是否考虑到了客户的要求。

2）在确定施工工艺时，是否考虑了后期的维护与保养。

3）计划中是否考虑到如何向客户移交。

4）是否有一个包括时间进度、人员安排的工作计划。

（6）社会接受度

1）是否考虑到安全施工、事故防范的内容。

2）方案中是否有人性化设计，如工作环境、场地设施是否关注员工的身体健康和考虑操作的方便性。

（7）环保性

1）是否考虑了废物（包括原装置未损坏部分）的再利用。

2）是否考虑了施工所产生废料的妥善处理办法。

（8）创造性

1）方案（包括备选方案）是否回应了客户提出的问题，例如人员身份、位置信息、共享安全等。

2）是否想到过创新的解决方案。

【任务评价】

任务评价表见表 2-1-1。

表 2-1-1　任务评价表

测试任务			吹风机的造型设计						
能力模块			编码		姓名		日期		
一级能力	二级能力	序号	评分项说明				完全不符	基本不符	基本符合	完全符合
功能性能力	直观性/展示性	1	用造型简图、草图等表达造型设计方案							
		2	用二维或三维模型、零件图、装配图等表达造型结构							
		3	用爆炸动画或爆炸图表达各个零件的相互位置关系及装配顺序							
		4	用机构运动仿真动画表达造型的正确性和验证造型结构是否干涉							
		5	解决方案与专业规范或技术标准相符合，解决方案条理清晰，并撰写说明书							
	功能性	6	根据造型机构的自由度、机构具有确定运动的条件、机构的运动特性（轨迹、速度、急回特性等），分析造型设计是否满足功能性要求							
		7	分析各零件的造型结构是否满足 3D 打印造型的工艺							
		8	从零件的尺寸、形状、配合关系及零件的定位和紧固等分析造型结构设计的合理性							
过程性能力	使用价值导向	9	解释造型草图外行人也能看得懂							
		10	是否提出了超出用户期望的建议；对于委托方来说，方案是否具有价值							
		11	同一个功能要求要尽量设计多个机构方案并进行分析比较，一个造型方案要设计多个应用场景							
		12	产品的使用稳定性要好							
		13	是否考虑了后期的维修保养							
	经济性	14	根据工艺要求、材料物理特性及价格等选用物美价廉的材料							
		15	造型设计要能满足 3D 打印时消耗材料少、打印时间短、设备磨损低等要求							
		16	要考虑到各种解决方案的费用和劳动投入量							
		17	从降低总体成本的角度来设计方案，如适当采用标准件、零件结构尽量采用标准化设计							
	工作过程导向	18	根据设计生产流程及设计项目参与者的专业和技能特点将任务进行合理的分配							
		19	设计时要考虑是否符合 3D 打印工艺和后续安装工艺							
		20	计划中要考虑到如何向客户移交，要有进度表和工作计划							
		21	不同任务的成员之间要加强沟通，密切配合，前后作业之间要有效衔接							

（续）

测试任务			吹风机的造型设计				
能力模块			编码		姓名	日期	
一级能力	二级能力	序号	评分项说明	完全不符	基本不符	基本符合	完全符合
设计能力	社会接受度	22	造型设计要适合人体的基本尺寸，符合人机工程的基本原则，产品便于人操作				
		23	方案设计要注意预防错误操作，保证人员和设备的安全				
		24	尽量保证作品与社会和人的和谐关系，减少噪声、光污染等				
	环保性	25	方案设计要具有好的加工工艺性，加工工艺的选择要考虑节能减排				
		26	了解材料的特性，正确选择环保材料				
		27	方案设计时是否考虑到废料、零件、构件的回收利用				
	创造性	28	造型设计简单巧妙				
		29	造型设计既能满足工艺要求，也能满足功能要求，还能节约材料，具有很好的力学特性				
		30	产品造型的形态新颖、功能巧妙、便于后期推广				
小计							
合计							

任务 2.2 造型设计中美学原则的应用

【思维导图】

任务2.2 造型设计中美学原则的应用
- 圣·奥古斯丁说过："美是各部分的适当比例，再加一种悦目的颜色。"
- 比例是物与物的比拟，表明各种相对面间的相对度量关系。在美学中，最经典的比例分配莫过于"黄金分割"了
- 标准是物与人(或其他易识别的不变要素)的比拟，不需涉及详细尺寸，完全凭感觉上的印象来掌握应用技巧。比例是理性的、详细的，标准是感性的、抽象的
- 任务 沥水式肥皂盒的外观设计
- 任务拓展 花瓶的造型设计
- 任务评价

【知识导入】

形式美的法则是人们在长期的生活实践中，特别是在造型设计实践中总结出来的规律。人们总结了大自然美的规律并加以概括和提炼，形成一定的审美标准后又反过来指导造型设计。所以，产品造型设计必须遵循形式美法则。人们研究美的法则，主要是为了提高美的创造能力和培养对形式变化的敏感性，以便创造出更多、更美的产品。

1. 统一与变化

统一是指同一个要素在同一个物体中多次出现，或在同一个物体中不同的要素趋向或安置在某个要素之中。它的作用是使形体有条理，趋于一致，有宁静和安定感。

变化是指在同一物体或环境中，要素与要素之间存在差异性，或是在同一物体或环境中，相同要素以一种变异的方法使之产生视觉上的差异感。它的作用是使形体有动感，克服呆滞、沉闷感，使形体具有生动活泼的吸引力。

统一与变化是对立统一规律在艺术上的体现，是产品造型设计中比较重要的一个法则，可以说它是使产品的局部与整体达到统一、协调、生动、活泼的重要手段。

2. 对比与调和

对比指各组成部分之间的区别，是指在质或量方面的有差异的各种形式要素的相对比较。在图案中常采用各种不同的对比方法。调和是对造型中各种对比因素所做的协调处理，使产品造型中的对比因素互相接近或逐步过渡，从而能给人以协调、柔和的美感。

3. 均衡与对称

均衡是指造型布局上的等量不等形的平衡。由均衡造成的视觉方面的满足，似乎和眼睛观察整个物体时的动作有关。当眼睛从一边看向另一边时，注意力就会像钟摆一样来回游荡。如果左右两边的吸引力相等，最后就会停留在两极中间的一点上。如果把这个均衡中心有力地加以标定，以使眼睛能满意地在上面停歇下来，这就在观察者的心目中产生了一种健康而平静的感觉。

对称平衡法则来源于自然物体的属性，是动力和重心两者矛盾统一所产生的形态。对称和平衡这两种不同类型的安定形式，也是保持物体外观量感均衡，达成形式上安定的一种法则。对称是自然界和生活中到处可见到的一种形式，对称能取得较好的视觉平衡，形成美的秩序，对称的造型给人以庄严、严格、端庄和稳定的感觉。现代产品的造型设计也大多采用对称的形态。

4. 节奏与韵律

节奏是客观事物运动的属性之一，是一种有规律的、周期性变化的运动形式，它反映了自然和现实生活中的某种规律。

在产品造型设计中，构成元素有规律地重复就形成了节奏。例如音乐中的节拍，大小不同的点按规律重复排列，就有了节奏感。节奏的美感主要是通过点或线条的流动、色彩的深浅变化、形体的高低、光影的明暗等因素做有规律地反复和重叠，引起欣赏者的生理感受和心理情感的活动，使之享受到一种有节奏的美感。

渐变韵律在视觉上会产生一种美感，在造型设计上运用简易可行，如机械产品罩壳上的通气孔、百叶窗，操作面板上的按键、旋钮等。

在造型设计中，运用韵律的法则可使造型物获得统一的美感，而某种造型要素的重复又可使产品各部分产生呼应、协调与和谐。应充分运用形体的厚薄、大小、高低，材料的光洁度，色彩上的亮度、色相等造型要素，使产品的客观本身体现出各种韵律，加深人们的印象和在心理上对产品产生一种舒适的美感。

5. 稳定与轻巧

稳定是指造型物上下之间的轻重关系。稳定的基本条件是物体重心必须在物体支撑面以内，且重心越低、越靠近支撑面的中心部位，其稳定性越好。稳定给人以安全、轻松的感觉，不稳定则给人以危险和紧张的感觉。在造型设计中，稳定有实际稳定和视觉稳定两个方面。实际稳定是指产品实际质量的重心满足稳定条件所达到的稳定；视觉稳定是指以造型物体的外部体量关系来衡量其是否满足视觉上的稳定感。

轻巧也是指造型物上下之间的轻重关系，是在满足实际稳定的前提下用艺术创造的方法，使造型物给人以轻盈、灵巧的美感。在形体创造上一般可采用提高重心、缩小底部支承面积、内收或架空处理、适当地多用曲线和曲面等方法来获得轻巧感。在色彩及装饰设计中一般可采用提高色彩的明度，利用材质给人以心理联想，或者将标牌及装饰带上置等方法来获得轻巧感。

6. 比例与尺度

比例和尺度是产品形态设计的基础，完美的形态必须具有良好的比例和统一和谐的尺度感，这是产品形态美感表现的重要方面，也是产品满足消费者生理和心理需求的基本要求。

更多相关知识，详见本书的配套资源。

【任务描述】

造型设计中美学原则的应用案例在我们的日常生活中随处可见，下面就以大家最熟悉的沥水式肥皂盒为例进行设计说明。

肥皂盒主要用于洗手间、盥洗室等地方，长期处于潮湿环境，易积水。因此，设计一款能自动沥水且造型美观的沥水式肥皂盒是很有必要的。

结合前面学习的造型设计中美学原则的相关知识，设计一款富有创意且结构简洁新颖的沥水式肥皂盒。

【任务目标】

1）学习产品外观造型的相关理论知识，掌握产品外观造型设计的基本技能。

2）通过对沥水式肥皂盒的造型设计，掌握产品外观造型的基本设计步骤。

3）掌握曲线的各种创建及编辑方法。

4）掌握 NX 曲面特征建模的基本概念以及建模方法。

5）掌握 NX 曲面特征与替换面的使用方法。

【任务分析】

1）观察生活中常见的沥水式肥皂盒，思考其外壳零件应具备的功能及其造型特点。

2）利用所学的 NX 曲面特征建模知识进行沥水式肥皂盒壳体的造型设计。供参考的沥水式肥皂盒壳体的造型设计案例如图 2-2-1 所示。

3）在完成上个任务吹风机壳体造型设计的基础上，创新设计一款新型的沥水式肥皂盒壳体。

图 2-2-1　沥水式肥皂盒壳体的 3D 模型

【任务实施】

（1）创建壳体

1）在 XY 平面上绘制草图 1——长半轴为 90mm、短半轴为 50mm 的椭圆，如图 2-2-2 所示。用旋转命令将其旋转 360° 后如图 2-2-3 所示。然后在 XY 平面上绘制草图 2，如图 2-2-4 所示。将草图 2 拉伸，如图 2-2-5 所示，然后与草图 1 旋转得到的椭圆体进行布尔运算（求差），得到半圆柱体。

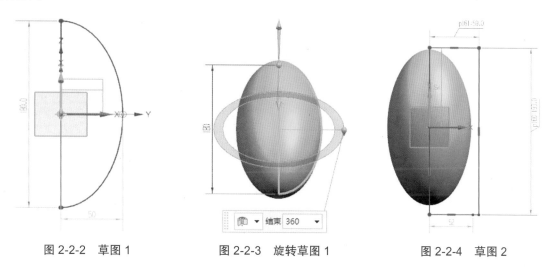

图 2-2-2　草图 1　　　　　图 2-2-3　旋转草图 1　　　　　图 2-2-4　草图 2

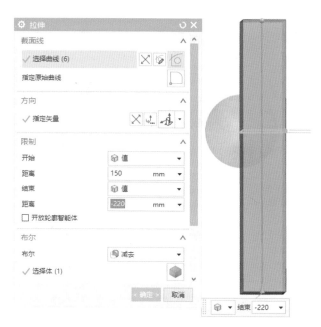

图 2-2-5　拉伸草图 2

2）在 XZ 平面上绘制草图 3，如图 2-2-6 所示。拉伸草图 3 得到曲面体 1，如图 2-2-7 所示。再在 XY 平面上绘制草图 4，如图 2-2-8 所示。拉伸草图 4 得到曲面体 2，如图 2-2-9 所示。

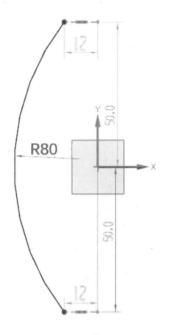

图 2-2-6　草图 3

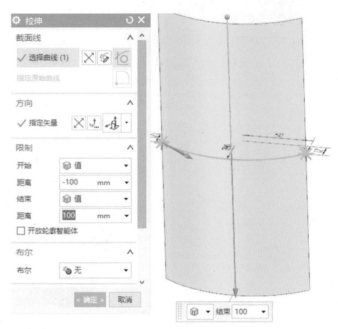

图 2-2-7　拉伸草图 3

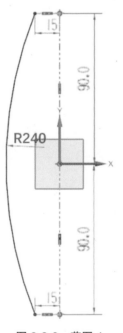

图 2-2-8　草图 4

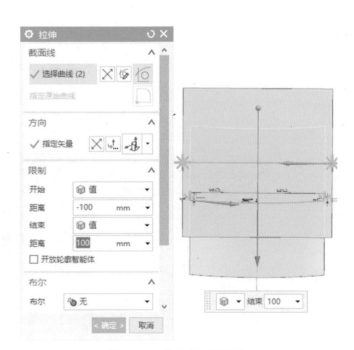

图 2-2-9　拉伸得到曲面体 2

3）拉伸曲面体 1，与主体进行布尔运算（求差），得到图 2-2-10 所示实体，将实体面使用曲面体 2 进行替换，如图 2-2-11 所示。将草图 4 再次进行拉伸得到曲面体 3，如图 2-2-12 所示。将实体面使用曲面体 3 进行替换，如图 2-2-13 所示。

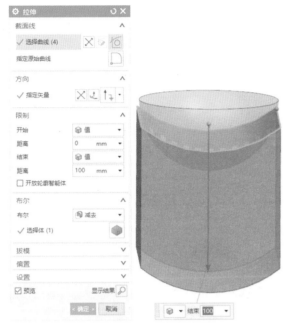

图 2-2-10 拉伸曲面体 1

图 2-2-11 替换实体面

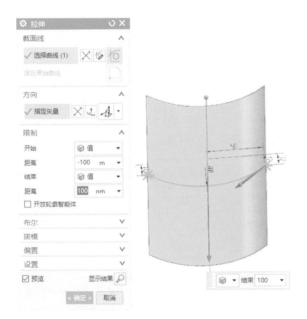

图 2-2-12 拉伸得到曲面体 3

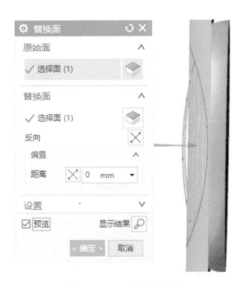

图 2-2-13 替换实体面

4）在 XY 平面上绘制草图 5，如图 2-2-14 所示。将草图 5 进行拉伸和布尔运算（求差）得到图 2-2-15 所示实体，将此实体抽壳，如图 2-2-16 所示。

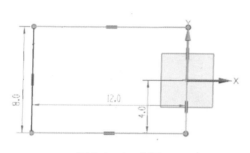

图 2-2-14　草图 5

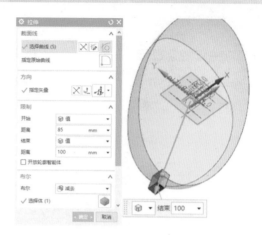

图 2-2-15　拉伸

图 2-2-16　抽壳

5）在 XY 平面上绘制草图 6，如图 2-2-17 所示。将草图 6 进行拉伸和布尔运算（求差）得到图 2-2-18 所示实体，然后将剩余的实体通过替换面消除，如图 2-2-19 所示。

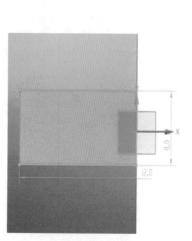

图 2-2-17　草图 6

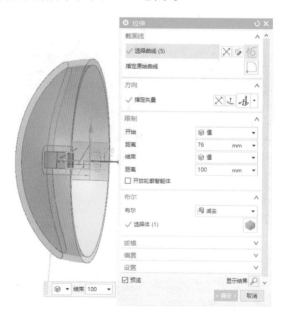

图 2-2-18　拉伸

图 2-2-19 替换面

6）在 XY 平面上绘制草图 7，如图 2-2-20 所示。将草图 7 拉伸得图 2-2-21 所示实体，然后将实体通过替换面减去一部分，如图 2-2-22 所示。再将此实体抽壳，得到如图 2-2-23 所示实体，然后将此实体与机体壳合并，得到如图 2-2-24 所示实体。

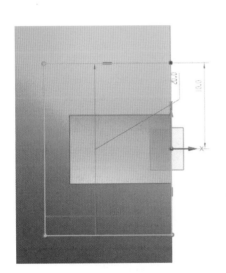

图 2-2-20 草图 7

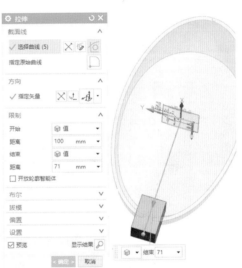

图 2-2-21 拉伸草图 7

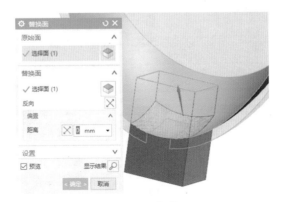

图 2-2-22 替换面

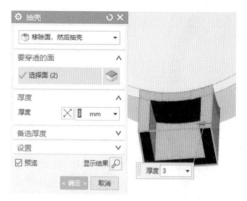

图 2-2-23　抽壳

图 2-2-24　合并

（2）创建底座

1）在 XY 平面上绘制草图 8，如图 2-2-25 所示。将草图 8 旋转得图 2-2-26 所示实体，然后将实体替换到与之相连的上表面，如图 2-2-27 所示。

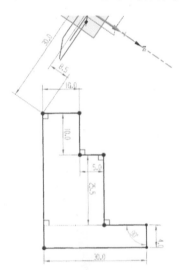

图 2-2-25　草图 8

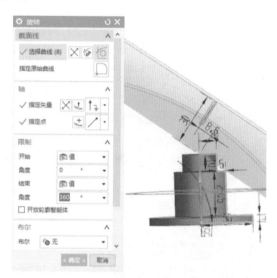

图 2-2-26　旋转草图 8

图 2-2-27　替换面

2）将实体进行边倒圆，如图 2-2-28~图 2-2-31 所示。

图 2-2-28 半径为 27.5mm

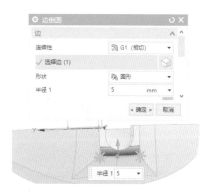

图 2-2-29 半径为 5mm

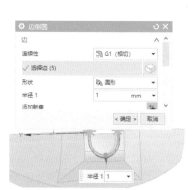

图 2-2-30 半径为 1mm

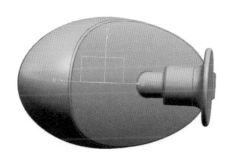

图 2-2-31 一览图

3）先在 XY 平面创建基准面，按距离偏移 55mm，如图 2-2-32 所示。然后在此基准面上绘制草图 9，如图 2-2-33 所示。将草图 9 拉伸，得到图 2-2-34 所示实体。

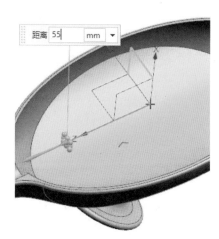

图 2-2-32 插入基准面

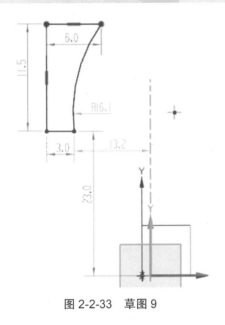

图 2-2-33　草图 9

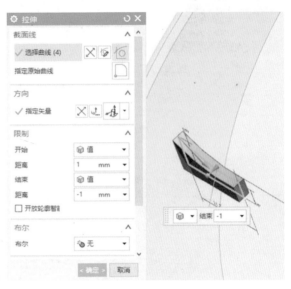

图 2-2-34　拉伸草图 9

4）将拉伸草图 9 得到的实体进行镜像，如图 2-2-35 所示。然后将此实体进行边倒圆，如图 2-2-36 所示。另一面同样进行边倒圆。

图 2-2-35　镜像几何体

图 2-2-36　边倒圆

【任务拓展】

1. 场景描述

某企业根据市场需求，需要增加工艺花瓶的品种和样式。该企业人员找到你们团队进行花瓶外观造型的相关设计，要求美观大方、富有创意，希望在两至三个工作日内完成新款工艺花瓶的造型设计与 3D 打印手板制作。

企业高层找到相关负责人，请求帮忙解决问题。

相关负责人了解到以下需求：

1）设计一个简单实用、美观大方、富有创意的工艺花瓶，绘制造型设计简图。

2）具有良好的性价比，在满足功能要求的前提下，尽量降低成本。

3）尽量做到美观实用、结构简单、容易维护。

4）达到要求的美观效果，以保证良好的宣传效果。

5）要求该工艺花瓶具有良好的适应性和扩展性，以满足其他场所和环境的需要。

2. 相关要求

请设计绘制造型草图，并对结构的新颖性创意作简要说明。尽可能详细地拟订能实现该造型设计的具体工作计划、制作方案、生产流程等，并做必要的成本分析。

假如还有其他问题，需要与委托方或者其他用户或专业人员讨论的话，请写下来，并全面详细地陈述你的建议方案和理由。

3. 劳动工具与辅助工具

为了完成任务，允许使用学校常用的所有工具，如手册、专业书籍、游标卡尺、装有 CAD/CAM 等应用软件的计算机、笔记、计算器等。

4. 解决方案评价内容参考

（1）直观性 / 展示性

1）是否给出并详细讲解了造型示意图和其他示意图。

2）是否编写出一份一目了然的所用材料及部件的清单（如表格）。

3）图形、表格、用词等是否符合专业规范？

（2）功能性

1）从技术角度看，造型解决方案是否合理有效。

2）所设计的工作 / 装配流程是否合理。

3）所列的解释和描述在专业上是否正确。

4）是否能识别出各种解决方案的优缺点。

（3）使用价值导向

1）解释和草图是否外行人也能看得懂。

2）所设计的方案是否易于实施。

3）是否提出了超出客户期望的合理建议。

4）是否交给用户一份说明书，使其了解当使用过程中出现问题时如何应对。

（4）经济性

1）是否考虑到各种解决方案的费用和劳动投入量。

2）施工方案是否具有经济性。

3）在提出的多种方案中选择这种方案的理由是什么。

4）是否考虑了节能环保问题。

（5）工作过程导向

1）在解决方案中是否考虑到了客户的要求。

2）在确定施工工艺时，是否考虑了后期的维护与保养。

3）计划中是否考虑到如何向客户移交。

4）是否有一个包括时间进度、人员安排的工作计划。

（6）社会接受度

1）是否考虑到安全施工、事故防范的内容。

2）方案中是否有人性化设计，如工作环境、场地设施是否关注员工的身体健康和考虑操作的方便性。

（7）环保性

1）是否考虑了废物（包括原装置未损坏部分）的再利用。

2）是否考虑了施工所产生废料的妥善处理办法。

（8）创造性

1）方案（包括备选方案）是否回应了客户提出的问题，例如人员身份、位置信息、共享安全等。

2）是否想到过创新的解决方案。

【任务评价】

任务评价表见表 2-2-1。

表 2-2-1　任务评价表

测试任务			沥水式肥皂盒的造型设计					
能力模块			编码		姓名		日期	
一级能力	二级能力	序号	评分项说明		完全不符	基本不符	基本符合	完全符合
功能性能力	直观性/展示性	1	用造型简图、草图等表达造型设计方案					
		2	用二维或三维模型、零件图、装配图等表达造型结构					
		3	用爆炸动画或爆炸图表达各个零件的相互位置关系及装配顺序					
		4	用机构运动仿真动画表达造型的正确性和验证造型结构是否干涉					
		5	解决方案与专业规范或技术标准相符合，解决方案条理清晰，并撰写说明书					
	功能性	6	根据造型机构的自由度、机构具有确定运动的条件、机构的运动特性（轨迹、速度、急回特性等），分析造型设计是否满足功能性要求					
		7	分析各零件的造型结构是否满足 3D 打印造型的工艺					
		8	从零件的尺寸、形状、配合关系及零件的定位和紧固等分析造型结构设计的合理性					

（续）

测试任务			沥水式肥皂盒的造型设计				
能力项目			编码	姓名		日期	
一级能力	二级能力	序号	评分项说明	完全不符	基本不符	基本符合	完全符合
过程性能力	使用价值导向	9	解释造型草图外行人也能看得懂				
		10	是否提出了超出用户期望的建议；对于委托方来说，方案是否具有价值				
		11	同一个功能要求要尽量设计多个机构方案并进行分析比较，一个造型方案要设计多个应用场景				
		12	产品的使用稳定性要好				
		13	是否考虑了后期的维修保养				
	经济性	14	根据工艺要求、材料物理特性及价格等选用物美价廉的材料				
		15	造型设计要能满足 3D 打印时消耗材料少、打印时间短、设备磨损低等要求				
		16	要考虑到各种解决方案的费用和劳动投入量				
		17	从降低总体成本的角度来设计方案，如适当采用标准件、零件结构尽量采用标准化设计				
	工作过程导向	18	根据设计生产流程及设计项目参与者的专业和技能特点将任务进行合理的分配				
		19	设计时要考虑是否符合 3D 打印工艺和后续安装工艺				
		20	计划中要考虑到如何向客户移交，要有进度表和工作计划				
		21	不同任务的成员之间要加强沟通，密切配合，前后作业之间要有效衔接				
设计能力	社会接受度	22	造型设计要适合人体的基本尺寸，符合人机工程的基本原则，产品便于人操作				
		23	方案设计要注意预防错误操作，保证人员和设备的安全				
		24	尽量保证作品与社会和人的和谐关系，减少噪声、光污染等				
	环保性	25	方案设计要具有好的加工工艺性，加工工艺的选择要考虑节能减排				
		26	了解材料的特性，正确选择环保材料				
		27	方案设计时是否考虑到废料、零件、构件的回收利用				
	创造性	28	造型设计简单巧妙				
		29	造型设计既能满足工艺要求，也能满足功能要求，还能节约材料，具有很好的力学特性				
		30	产品造型的形态新颖、功能巧妙、便于后期推广				
小计							
合计							

任务 2.3 色彩设计

【思维导图】

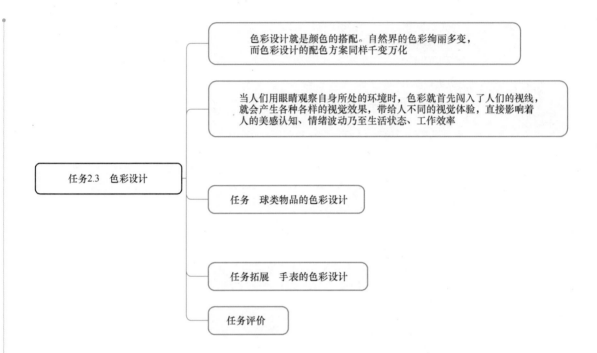

【知识导入】

为了在色彩丰富的世界里对色彩加以区别，人们常给不同的色彩以不同的名称。除了红、黄、蓝等大的色彩概念外，还有朱红、胭脂红、大红、柠檬黄、藤黄、铭黄、普鲁士蓝、孔雀蓝等名称，或者加上深、浅的概念。尽管如此，在千变万化的色彩中，以上这些对色彩的称谓仍是远远不够的，特别是在大规模的工业生产领域中更是如此。不同工厂生产的同一名称的颜色是不同的，甚至同一工厂、不同时期生产的同一名称的颜色有时也不尽相同。出现这一现象的原因，一方面是人眼睛的构造，在记忆中无法区分色彩的细微差别，另一方面是缺乏对色彩的科学管理。为了在生产和使用中正确地表示所使用的颜色，需要有一个科学的表示方法，目前常用的有三类表示方法：色名体系、CIE 色度学系统和色立体表色体系。

色彩设计的工作，就是负责决定在动画中出现的人物或是物品所显示在画面上的颜色。为了配合画面中的剧情发展，该颜色在不同环境下（例如清晨、正午、傍晚）的预期明暗变化都必须先被色彩设计所指定，因此上色人员才能明确知道所负责的原画稿必须选用哪些颜色。画面的色彩基调将会影响该动画作品给观众的印象，所以色彩设计在作品的策划初期即占有一定的重要性。

更多相关知识，详见本书的配套资源。

【任务描述】

产品色彩设计的案例在人们的日常生活中随处可见，例如服装、玩具、艺术品等。

在众多的物品中，球类物品的色彩设计还是比较丰富的。常见的球类物品很多，有篮球、足球、网球、乒乓球、台球、板球、高尔夫球等。

结合前面所学习的产品彩色的相关知识，对典型物品——球体物品的色彩进行设计。

【任务目标】

1）学习产品色彩的相关理论知识，掌握产品色彩设计的基本技能。

2）通过对球类物品的色彩设计，学会产品色彩设计的基本设计步骤。

3）掌握色彩的各种调和方法。

4）掌握 NX 软件的色彩设计方法。

5）了解色彩设计的各种技巧。

6）熟练使用各种查询工具。

7）在学习已有产品色彩设计的基础上，创新设计一款球类物品的色彩。

【任务分析】

1）观察生活中常见的球类物品色彩，思考其外壳应具备的功能及色彩特点。

2）利用 NX 软件对球类物品进行色彩设计，供参考的球类物品的色彩设计案例如图 2-3-1 所示。

3）在完成上述球类物品色彩设计的基础上，创新设计一款球类物品的色彩。

图 2-3-1　球类物品的 3D 模型

【任务实施】

单击"渲染"功能区"渲染模式"组中的"真实着色"按钮，进入真实着色渲染模式，在此模式中可以设置模型的全局材料、对象材料、背景颜色或图像以及阴影等。可以通过预定义的视觉效果实现逼真的产品可视化。

1. 全局材料

NX 12.0 提供了 30 种全局材料，将选定的全局材料应用于显示部件中的所有对象。

单击"视图"功能区"真实着色设置"组中的"全局材料"下拉列表，选取要添加的材料，如图 2-3-2 所示。

全局刷色分为以下两个类别：

（1）刷色　将常规对象颜色与反射映射结合使用，包括金属、塑料分析刷色。

（2）基本材料　常规对象颜色将被忽略，而且材料颜色会与反射映射结合使用，包括金属、塑料、油漆、橡胶和玻璃。

单击"全局材料"列表中的"蓝色亮泽塑料"球体，向整个模型指派蓝色亮泽塑料，如图 2-3-3 所示。单击"全局材料"下列列表中的"蓝色金属涂料"球体，向整个模型指派蓝色金属涂料，如图 2-3-4 所示。

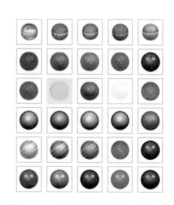

图 2-3-2　"全局材料"下拉列表

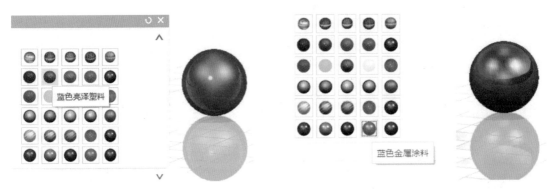

图 2-3-3 "蓝色亮泽塑料"球体　　　　　图 2-3-4 "蓝色金属涂料"球体

2. 对象材料

NX 12.0 提供了 29 种对象材料，可将简单材料应用到已显示部件中的特定对象。对象材料的优先级高于任何指定的全局材料，并且可应用到面、实体和小平面体。单击"视图"功能区"真实着色设置"组中"对象材料"下拉列表，选取要添加的材料，如图 2-3-5 所示。

在视图中选取要添加材料的体或面后，在"对象材料"下拉列表中选择对象材料，这里选择"蓝灰色纹理"球体，向选定的体和面指派蓝灰色纹理材料，如图 2-3-6 所示。

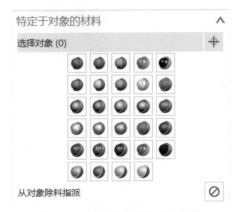

图 2-3-5 "对象材料"下拉列表

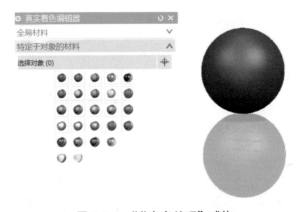

图 2-3-6 "蓝灰色纹理"球体

选取要去除材料的体或面，单击"去除材料指派"按钮，从选定的体或面除去指派的材料。

3. 背景

NX 12.0 提供了 12 种背景，用来显示工作视图的背景。

单击"视图"功能区"真实着色设置"组中"背景"下拉列表，选取背景图像，如图 2-3-7 所示。视图中显示选取的背景图像，并将与部件一同保存。

1）渐变深灰色背景：提供渐变深灰色背景。

2）渐变浅灰色背景：提供渐变浅灰色背景。

3）深色背景：提供纯黑色背景。

4）浅色背景：提供纯浅灰色背景，如图 2-3-8 所示。

5）图像背景：用于从先前定义的背景列表中选择一个背景。选择该背景，"地板栅格"选项自动取消选择，也可以手动选择"地板栅格"选项，以同时显示图像背景和地板栅格。

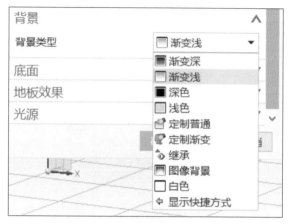

图 2-3-7 "背景"下拉列表

图 2-3-8 纯浅灰色背景的球体

6）定制背景：用于选择渐变背景的顶部和底部颜色。单击适当的色块，可以打开"颜色"对话框，选取背景颜色。

7）继承着色背景：继承预定义的着色渲染样式背景。

4. 显示阴影

要在所有视图中显示实时阴影时，使用显示阴影功能可以显示从预定义的固定光源投射到无穷大地板或壁平面的模型的阴影。

单击"视图"功能区"真实着色设置"组中"显示阴影"按钮，显示模型的实时阴影，如图 2-3-9 所示。

5. 显示地板反射

要在地板平面上反射模型或装配时，使用显示地板反射功能可以沿浮动底部地板平面显示对象反射。

单击"渲染"功能区"真实着色设置"组中"显示地板反射"按钮，显示地板平面上的模型对象，如图 2-3-10 所示。

图 2-3-9 显示阴影的球体

图 2-3-10 显示地板反射的球体

6. 显示地板栅格

显示地板栅格功能可以显示地板平面上的栅格，只有在选择"底部地板平面"选项时可用。网格线的间距是基于模型大小的，颜色以背景为基础。

单击"视图"功能区"真实着色设置"组中的"显示地板栅格"按钮，显示地板平面上的栅格，如图 2-3-11 所示。

7. 场景灯光

NX 12.0 提供了 6 种场景灯光。

1）场景灯光 1：使用光亮的右上和左上定向光源（图 2-3-12）。

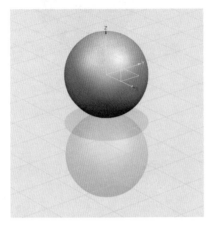

图 2-3-11　显示地板平面上的栅格

图 2-3-12　使用场景灯光 1 的球体

2）场景灯光 2：使用光亮的右上、左上和前部定向光源。

3）场景灯光 3：使用光亮的右上、顶部、左上和前部定向光源。

4）场景灯光 4：使用光亮的右上、顶部、左上、右下和左下定向光源。

5）场景灯光 5：使用光亮的右上、顶部、左上、前部、右下和左下定向光源。

6）基本光：打开"基本光源"对话框，在工作视图中使用 8 个基本光源设置照明。

8. 真实着色编辑器

真实着色编辑器是用来设置真实着色参数的。

单击"视图"功能区"真实着色设置"组中的"真实着色编辑器"按钮，打开"真实着色编辑器"对话框。

"真实着色编辑器"对话框中的选项说明如下：

（1）特定于对象的材料

1）选择对象：选取要添加材料的对象，可以是体、面或整个模型。

2）材料列表：显示 29 种材料，同"对象材料"下拉列表中的材料一样。

3）从对象除料指派：单击该按钮，从选定体和面移除材料指派。

（2）全局反射　指定用于借助纹理图像仿真镜像曲面的渲染方法。从"图像"下拉列表中选取全局反射的图像，系统提供了 9 种反射图像。

（3）背景　显示工作视图的背景。从"背景类型"下拉列表框中选取背景颜色和图像，系统提供了 8 种类型的背景。

【任务拓展】

1. 场景描述

某手表企业市场部需要在线上完成新款手表的展示工作，故要对手表进行效果渲染设计。由于公司研发人员短缺，该企业人员找到你们团队，要求进行对手表的相关展示效果设计，希望在两至三个工作日内完成新款手表的渲染效果设计。

企业高层找到相关负责人，请求帮忙解决问题。

相关负责人了解到以下需求：

1）对新款手表进行渲染效果设计。

2）具有良好的性价比，在满足功能要求的前提下，尽量降低成本。

3）尽量做到美观实用，以保证展示效果良好。

4）达到要求的美观效果，以保证良好的宣传效果。

5）要求该手表的渲染具有良好的适应性和扩展性，以满足其他场所和环境的需要，富有创意。

2. 相关要求

请设计绘制渲染效果图，并对方案图作简要说明。尽可能详细地拟订能实现该渲染效果具体要求的工作计划、设计制作方案、生产流程等，并做必要的成本分析。

假如还有其他问题，需要与委托方或者其他用户或专业人员讨论的话，请写下来，并全面详细地陈述你的建议方案和理由。

3. 劳动工具与辅助工具

为了完成任务，允许使用学校常用的所有工具，如手册、专业书籍、游标卡尺、装有 CAD/CAM 等应用软件的计算机、笔记、计算器等。

4. 解决方案评价内容参考

（1）直观性 / 展示性

1）是否给出并详细讲解了渲染示意图和其他示意图。

2）是否编写出一份一目了然的所用材料及部件的清单（如表格）。

3）图形、表格、用词等是否符合专业规范。

（2）功能性

1）从技术角度看，渲染解决方案是否合理有效。

2）所设计的工作 / 渲染流程是否合理。

3）所列的解释和描述在专业上是否正确。

4）是否能识别出各种解决方案的优缺点。

（3）使用价值导向

1）解释和效果图是否外行人也能看得懂。

2）所设计的方案是否易于实施。

3）是否提出了超出客户期望的合理建议？

4）是否交给用户一份说明书，使其了解当使用过程中出现问题时如何应对。

（4）经济性

1）是否考虑到各种解决方案的费用和劳动投入量。

2）施工方案是否具有经济性。

3）在提出的多种方案中选择这种方案的理由是什么。

4）是否考虑了节能环保问题。

（5）工作过程导向

1）在解决方案中是否考虑到了客户的要求。

2）在确定施工工艺时，是否考虑了后期的维护与保养。

3）计划中是否考虑到如何向客户移交。

4）是否有一个包括时间进度、人员安排的工作计划。

（6）社会接受度

1）是否考虑到安全施工、事故防范的内容。

2）方案中是否有人性化设计，如工作环境、场地设施是否关注员工的身体健康和考虑操作的方便性。

（7）环保性

1）是否考虑了废物（包括原装置未损坏部分）的再利用。

2）是否考虑了施工所产生废料的妥善处理办法。

（8）创造性

1）方案（包括备选方案）是否回应了客户提出的问题。例如人员身份、位置信息、共享安全等。

2）是否想到过创新的解决方案。

【任务评价】

任务评价表见表 2-3-1。

表 2-3-1　任务评价表

测试任务			球类物品的色彩设计				
能力模块		编码		姓名	日期		
一级能力	二级能力	序号	评分项说明	完全不符	基本不符	基本符合	完全符合
功能性能力	直观性/展示性	1	用渲染简图、草图等表达色彩设计方案				
		2	用二维或三维模型、零件图、装配图等表达产品宣传效果				
		3	用爆炸动画或爆炸图表达各个零件要相互位置关系及装配顺序				
		4	用渲染运动仿真动画表达机构的正确性和验证结构是否干涉				
		5	解决方案与专业规范或技术标准相符合，解决方案条理清晰，并撰写说明书				
过程性能力	使用价值导向	6	解释和渲染效果图外行人也能看得懂				
		7	是否提出了超出用户期望的建议；对于委托方来说，方案是否具有价值				
		8	同一个功能要求要尽量设计多个渲染方案并进行分析比较，一个渲染方案要设计多个应用场景				
		9	产品的使用稳定性要好				
		10	是否考虑了后期的维修保养				

（续）

测试任务			球类物品的色彩设计				
能力模块			编码		姓名		日期
一级能力	二级能力	序号	评分项说明	完全不符	基本不符	基本符合	完全符合
过程性能力	经济性	11	根据工艺要求、材料物理特性及价格等选用物美价廉的材料				
		12	零件结构设计要能满足 3D 打印时消耗材料少、打印时间短、设备磨损低等要求				
		13	要考虑到各种解决方案的费用和劳动投入量				
		14	从降低总体成本来设计方案，如适当采用标准件、零件结构尽量采用标准化设计				
	工作过程导向	15	根据设计生产流程及设计项目参与者的专业和技能特点将任务进行合理的分配				
		16	设计时要考虑是否符合 3D 打印工艺和后续安装工艺				
		17	计划中要考虑到如何向客户移交，要有进度表和工作计划				
		18	不同任务的成员之间要加强沟通，密切配合，前后作业之间要有效衔接				
设计能力	社会接受度	19	渲染效果要符合大众审美				
		20	方案设计要注意预防错误操作，保证人员和设备的安全				
		21	尽量保证作品与社会和人的和谐关系，减少噪声、光污染等				
	环保性	22	方案设计要具有好的加工工艺性，加工工艺的选择要考虑节能减排				
		23	了解材料的特性，正确选择环保材料				
		24	方案设计时是否考虑到废料、零件、构件的回收利用				
	创造性	25	渲染色彩设计简单巧妙				
		26	渲染设计时既能满足工艺要求，也能满足功能要求，还能节约材料				
		27	产品的渲染色彩新颖、功能巧妙、便于后期推广				
小计							
合计							

任务 2.4　造型设计表现技法的应用

【思维导图】

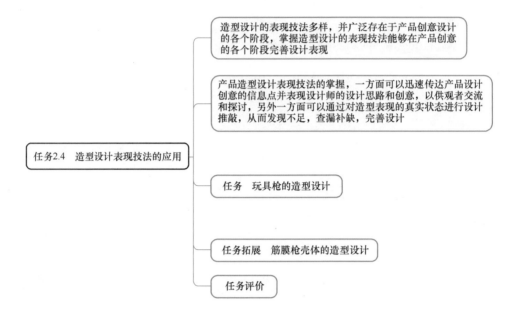

造型设计的表现技法多样，并广泛存在于产品创意设计的各个阶段，掌握造型设计的表现技法能够在产品创意的各个阶段完善设计表现

产品造型设计表现技法的掌握，一方面可以迅速传达产品设计创意的信息点并表现设计师的设计思路和创意，以供观者交流和探讨，另外一方面可以通过对造型表现的真实状态进行设计推敲，从而发现不足，查漏补缺，完善设计

任务2.4　造型设计表现技法的应用

任务　玩具枪的造型设计

任务拓展　筋膜枪壳体的造型设计

任务评价

【知识导入】

平面设计软件即二维设计软件，在产品造型设计中常用的二维设计软件有 Illustrator（AI）、CorelDRAW（CDR）、Photoshop（PS）等。平面设计软件贯穿于效果图制作的始末，可用于产品造型设计中相关可视化信息元素的制作，例如某产品 LOGO 的设计及绘制，也可用于产品效果图整体或细节的调整，例如在渲染出图后对产品整体光影效果进行后期处理，还可用于效果图的排版设计，例如为某产品效果图添加相应的文字解读并进行排版设计。平面设计软件是计算机辅助绘制效果图必不可少的设计软件，既能全面深化效果图的表达，又能完整明确产品的设计说明，从而真切地传达了设计者的设计意图。

数字化手绘也逐渐成为产品效果图表现"形""色""质"的一种方法。数字化手绘是一种由传统手绘技巧结合数字化硬件设备完成创作的方式，一般是以 Photoshop 等软件结合数位板、数位屏等硬件设备为主。数位板是计算机输入设备的一种，通常由一块板子和一支压感笔组合而成，通过控制压感笔在数位板上进行创作，结合 Photoshop 等图像编辑软件，模拟多种笔触完成产品效果图。数字化手绘操作便捷、效率高，相比于传统的手绘方式，数字化手绘透视更为准确，材质表现更为逼真，效果图保存时间更长，图片可修改性更强。

立体造型设计是建立在平面设计基础之上的新一代数字化、虚拟化、智能化的设计模式，是一种更加形象和立体化的设计方式。

随着科技与经济的飞速发展，传统的设计媒介已经无法满足用户的需求。当今世界，三维技术迅速发展，特别是对于一个设计师来说，追求更加形象、独特的设计，完美地诠释出设计中的色彩、造型是设计师的责任和追求。同时，立体造型设计符合创新思维、创新设计的要求。立体造型设计以其独特的空间优势，突破了二维造型的空间局限性，既能够满足用户对产品的审美需求，又能够辅助提升设计师的造型创作能力。

更多相关知识，详见本书的配套资源。

【任务描述】

玩具枪是儿时不可缺少的经典玩具，多以木质、塑料等材料作为枪身，具有外形逼真、娱乐性强的特点。通过简单的设计，巧妙地利用橡皮筋自身的弹性势能作为动力，玩具枪还可以发射纸团、棉球、泡沫塑料球等"弹药"，具备设计互动的娱乐效果。

结合前面学习的造型设计表现技法的相关知识，对玩具枪进行造型设计。

【任务目标】

1）了解玩具枪的结构组成、零件特征以及各部件的作用和工作原理。
2）能够利用软件实现玩具枪的三维建模和造型设计。
3）通过玩具枪的造型设计，掌握三维造型过程中结构配合的设计技巧。
4）能够合理制定玩具枪各部件的 3D 打印制造工艺并完成实物打印。

【任务分析】

玩具枪效果图如图 2-4-1 所示。其组成部分包括撞针、枪栓滑块、枪管、扳机、挂机板、导向护罩、枪柄左右侧板等。

1）通过对玩具枪的功能和结构进行分析，完成玩具枪的外观造型并进行优化设计。

2）利用 NX 软件完成玩具枪外观造型的模型制作。

3）利用 KeyShot 软件对玩具枪的材质、色彩和灯光进行调控渲染，从而完成产品效果图的制作。

4）利用 3D 打印机完成玩具枪各部件的打印制作并组装。

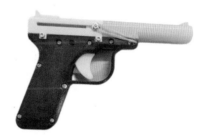

图 2-4-1　玩具枪效果图

【任务实施】

1. 创建撞针模型

撞针的结构示意图如图 2-4-2 所示。

（1）绘制撞针截面图形　选 XY 平面作为草图平面，选择下拉菜单"插入"→"曲线"→"多边形"命令，系统弹出"多边形"对话框，边数设为 6，指定点设为原点，内切圆半径设为 2.5mm。

（2）创建撞针实体　退出草图绘制模式，选择下拉菜单"插入"→"设计特征"→

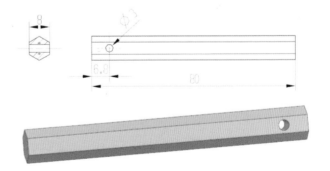

图 2-4-2　撞针的结构示意图

"拉伸"命令，系统弹出"拉伸"对话框，拉伸距离设为 90mm，矢量选择面的法向。

（3）绘制撞针连接孔　选 YZ 平面作为草图平面，选择下拉菜单"插入"→"曲线"→"圆"命令，系统弹出"圆"对话框，进行相关参数设置。

（4）拉伸撞针实体　退出草图绘制模式，选择下拉菜单"插入"→"设计特征"→"拉伸"命令，系统弹出"拉伸"对话框，设置为对称拉伸，布尔运算求差，模型效果图如图 2-4-2 所示。

2. 创建挂机板模型

挂机板结构示意图如图 2-4-3 所示。

（1）绘制挂机板截面图形　选 XY 平面作为草图平面，选择下拉菜单"插入"→"曲线"→"直线"命令，系统弹出"直线"对话框，绘制挂机板轮廓图形，进行参数设置。

（2）拉伸挂机板实体　退出草图绘制模式，选择下拉菜单"插入"→"设计特征"→"拉伸"命令，系统弹出"拉伸"对话框，矢量选择默认，拉伸距离设为 5mm。

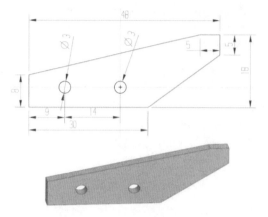

图 2-4-3　挂机板结构示意图

3. 创建枪栓滑块模型

枪栓滑块结构示意图如图 2-4-4 所示。

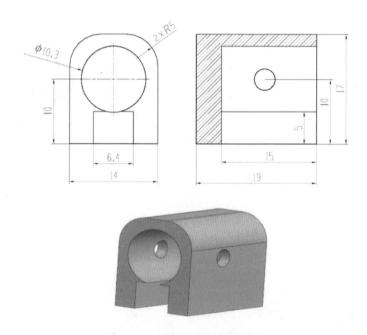

图 2-4-4　枪栓滑块结构示意图

（1）绘制枪栓滑块截面图形　选 XY 平面作为草图平面，选择下拉菜单"插入"→"曲线"→"直线""圆"命令，系统弹出"直线""圆"对话框，绘制枪栓滑块截面图形，参数设置如图 2-4-5 所示。

（2）绘制撞针连接孔　选 YZ 平面作为草图平面，选择下拉菜单"插入"→"曲线"→"圆"命令，系统弹出"圆"对话框，绘制撞针连接孔，参数设置图 2-4-6 所示。

（3）拉伸工具实体　退出草图绘制模式，选择下拉菜单"插入"→"设计特征"→"拉伸"命令，系统弹出"拉伸"对话框，拉伸截面选择直径为 3mm 的圆，矢量选择默认，对称拉伸，距离设为 35mm；拉伸截面选择直径为 10mm 的圆，矢量选择默认，拉伸开始距离设为 0，结束距离设为 30mm。工具实体图如图 2-4-7 所示。

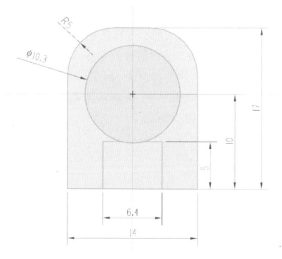

图 2-4-5　枪栓滑块截面图形

图 2-4-6　撞针连接孔

（4）拉伸枪栓滑块实体　选择下拉菜单"插入"→"设计特征"→"拉伸"命令，系统弹出"拉伸"对话框，拉伸截面选择枪栓滑块截面草图，矢量选择默认，拉伸开始距离设为 −5mm，结束距离设为 15mm，布尔运算求差。枪栓滑块实体图如图 2-4-8 所示。

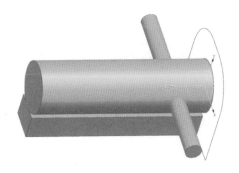

图 2-4-7　工具实体图

图 2-4-8　枪栓滑块实体图

4. 创建扳机模型

扳机截面尺寸及效果图如图 2-4-9 所示。

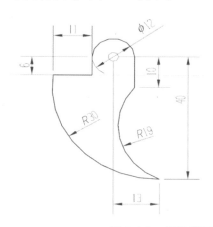

图 2-4-9　扳机截面尺寸及效果图

（1）绘制扳机截面图形　选 XY 平面作为草图平面，选择下拉菜单"插入"→"曲线"→"直线""圆"命令，系统弹出"直线""圆"对话框，绘制扳机截面图形，进行参数设置。

（2）拉伸扳机实体　选择下拉菜单"插入"→"设计特征"→"拉伸"命令，系统弹出"拉伸"对话框，拉伸截面选择扳机截面草图，矢量选择默认，拉伸距离设为 5mm。

（3）扳机实体倒圆角　选择下拉菜单"插入"→"设计特征"→"倒圆角"命令，系统弹出"倒圆角"对话框，倒圆角对象选择扳机圆弧棱边，圆角半径设为 5mm。

5. 创建枪管模型

枪管截面尺寸及效果图如图 2-4-10 所示。

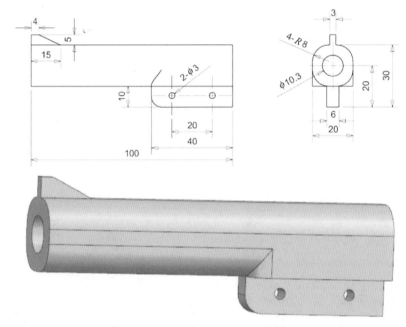

图 2-4-10　枪管截面尺寸及效果图

（1）绘制枪管截面图形　选 XY 平面作为草图平面，选择下拉菜单"插入"→"曲线"→"直线""圆"命令，系统弹出"直线""圆"对话框，绘制枪管轮廓图形，参数设置如图 2-4-11 所示。

（2）拉伸枪管实体　选择下拉菜单"插入"→"设计特征"→"拉伸"命令，系统弹出"拉伸"对话框，拉伸截面选择枪管截面草图，矢量选择默认，拉伸距离设为 40mm。再次重复"拉伸"命令，拉伸开始距离设为 40mm，结束距离设为 100mm。枪管实体图如图 2-4-12 所示。

（3）绘制准星截面图形　选 YZ 平面作为草图平面，选择下拉菜单"插入"→"曲线"→"直线"命令，系统弹出"直线"对话框，绘制准星截面图形（见图 2-4-13），进行参数设置。

（4）拉伸准星实体　选择下拉菜单"插入"→"设计特征"→"拉伸"命令，系统弹出"拉伸"对话框，拉伸截面选择准星截面草图，矢量选择默认，对称拉伸，拉伸距离设为 3mm，布尔运算求和，选择体为枪管。枪管实体图如图 2-4-14 所示。

（5）绘制枪管连接板截面图形　选择下拉菜单"插入"→"曲线"→"基本曲线"命令，系统弹出"直线"对话框，绘制枪管连接板截面图形（见图 2-4-15），进行参数设置。

（6）拉伸连接板实体　选择下拉菜单"插入"→"设计特征"→"拉伸"命令，系统弹出"拉伸"对话框，拉伸截面选择连接板截面草图，矢量选择默认，拉伸距离设为 4mm，对称偏置，偏置距离设为 3mm，布尔运算求和，选择体为枪管。连接板实体图如图 2-4-16 所示。

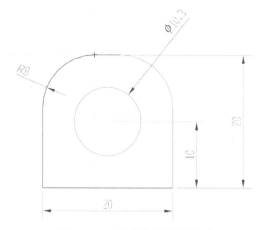

图 2-4-11 创建枪管截面图形

图 2-4-12 枪管实体图

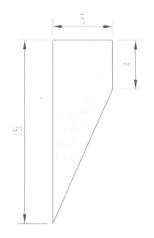

图 2-4-13 准星截面图形

图 2-4-14 枪管实体图

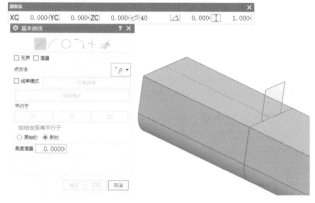

图 2-4-15 连接板截面图形

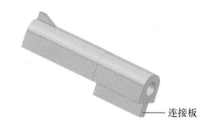

图 2-4-16 连接板实体图

（7）绘制连接孔 选择下拉菜单"插入"→"曲线"→"圆"命令，系统弹出"圆"对话框，绘制连接孔截面图形，如图 2-4-17 所示。

（8）拉伸连接孔实体 选择下拉菜单"插入"→"设计特征"→"拉伸"命令，系统弹出"拉伸"对话框，拉伸截面选择连接孔截面草图，矢量选择默认，开始距离设为 4mm，对称拉伸，结束距离设为 20mm，布尔运算求差，选择体为枪管。连接孔实体图如图 2-4-18 所示。

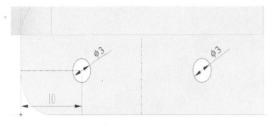

图 2-4-17　创建连接孔截面图形

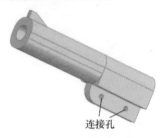

图 2-4-18　连接孔实体图

（9）枪管和连接板实体倒圆角　选择下拉菜单"插入"→"设计特征"→"倒圆角"命令，系统弹出"倒圆角"对话框，倒圆角对象选择枪管和连接板对应棱边，圆角半径设为 8mm。连接孔实体图如图 2-4-18 所示。

6. 创建导向护罩模型

导向护罩截面尺寸及效果图如图 2-4-19 所示。

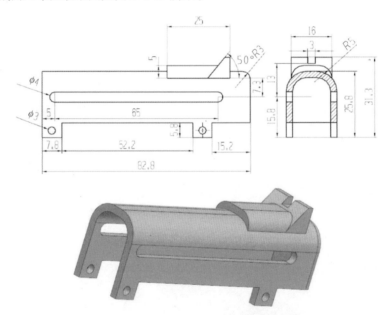

图 2-4-19　导向护罩截面尺寸及效果图

（1）绘制导向护罩截面图形　选 XY 平面作为草图平面，选择下拉菜单"插入"→"曲线"→"直线""偏置""圆角"命令，系统弹出"直线""偏置""圆角"对话框，绘制护罩截面图形，参数设置如图 2-4-20 所示。

（2）拉伸护罩实体　选择下拉菜单"插入"→"设计特征"→"拉伸"命令，系统弹出"拉伸"对话框，拉伸截面选择护罩截面草图，矢量选择默认，拉伸距离设为 80mm。再次重复"拉伸"命令，开始距离为设为 -3mm，结束距离设为 -80mm。护罩实体图如图 2-4-21 所示。

（3）绘制工具体截面图形　选 XY 平面作为草图平面，选择下拉菜单"插入"→"曲线"→"直线""偏置""圆角"命令，系统弹出"直线""偏置""圆角"对话框，绘制工具体截面图形，参数设置如图 2-4-22 所示。

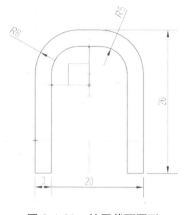

图 2-4-20　护罩截面图形

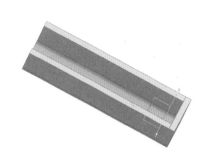

图 2-4-21　护罩实体图

（4）拉伸工具体实体　选择下拉菜单"插入"→"设计特征"→"拉伸"命令，系统弹出"拉伸"对话框，选择拉伸截面为工具体截面草图，矢量选择默认，对称拉伸，拉伸距离设为 30mm，布尔运算求差。实体效果图如图 2-4-23 所示。

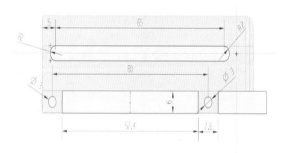

图 2-4-22　工具体截面图形

图 2-4-23　实体效果图

7. 创建侧板模型

（1）绘制侧板截面图形　选 XY 平面作为草图平面，选择下拉菜单"插入"→"曲线"→"轮廓"命令，绘制侧板轮廓图形，系统弹出"轮廓"对话框，绘制侧板截面图形，参数设置如图 2-4-24 所示。

选择下拉菜单"插入"→"曲线"→"圆角"命令，系统弹出"圆角"对话框，绘制侧板截面倒圆角，如图 2-4-25 所示。

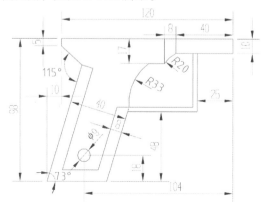

图 2-4-24　侧板截面图形

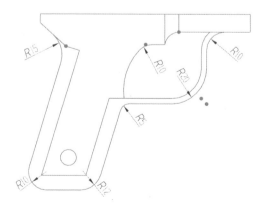

图 2-4-25　侧板截面倒圆角

（2）绘制侧板螺栓孔　选 XY 平面作为草图平面，选择下拉菜单"插入"→"曲线"→"圆"命令，绘制侧板螺栓孔截面图形，系统弹出"圆"对话框，参数设置如图 2-4-26 所示。

（3）镜像左、右侧板草图截面　选 XY 平面作为草图平面，选择下拉菜单"插入"→"来自曲线集的曲线"→"镜像"命令，绘制左、右侧板轮廓图形，系统弹出"镜像曲线"对话框，要镜像的曲线选择已画好的侧板轮廓，镜像轴任意绘制一条竖直线。侧板镜像效果图如图 2-4-27 所示。

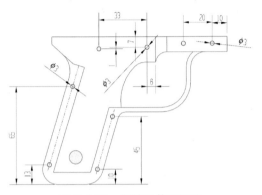
图 2-4-26　螺栓孔截面图形

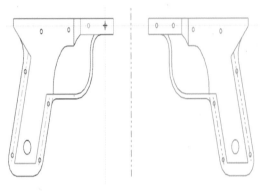
图 2-4-27　侧板镜像效果图

（4）拉伸侧板主体　选择下拉菜单"插入"→"设计特征"→"拉伸"命令，系统弹出"拉伸"对话框，拉伸截面选择侧板截面草图，矢量选择默认，拉伸距离设为 7mm，曲线选择在相交处停止模式。侧板实体效果图如图 2-4-28 所示。

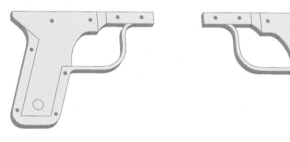
图 2-4-28　侧板实体效果图

（5）拉伸侧板支撑框主体　选择下拉菜单"插入"→"设计特征"→"拉伸"命令，系统弹出"拉伸"对话框，拉伸截面选择侧板边缘封闭轮廓，矢量选择默认，拉伸距离设为 6mm，曲线选择在相交处停止模式。侧板支撑框实体图如图 2-4-29 所示。

（6）拉伸侧板定位销　选择下拉菜单"插入"→"设计特征"→"拉伸"命令，系统弹出"拉伸"对话框，拉伸截面选择直径 9mm 的圆。侧板定位销实体图如图 2-4-30 所示。

图 2-4-29　侧板支撑框实体图

图 2-4-30　侧板定位销实体图

（7）拉伸侧板定位孔　选择下拉菜单"插入"→"设计特征"→"拉伸"命令，系统弹出"拉伸"对话框，拉伸截面选择直径为 9mm 的圆，拉伸距离设为 5mm，布尔运算求差。侧板定位孔实体图如图 2-4-31 所示。

（8）绘制螺母沉孔截面　选侧板反面作为草图平面，选择下拉菜单"插入"→"曲线"→"多边形"命令，绘制六边形图形，系统弹出"多边形"对话框，参数设置如图 2-4-32 所示。六边形中心与螺栓孔中心重合。螺母沉孔截面图形如图 2-4-33 所示。

（9）拉伸六边形沉孔　选择下拉菜单"插入"→"设计特征"→"拉伸"命令，系统弹出"拉伸"对话框，拉伸截面选择六边形草图轮廓，矢量选择默认，拉伸距离设为 3mm，曲线选择在相交处停止模式，布尔运算求差。六边形沉孔实体图如图 2-4-34 所示。

图 2-4-31　侧板定位孔实体图

图 2-4-32　绘制螺母沉孔截面

图 2-4-33　螺母沉孔截面图形

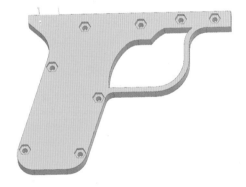

图 2-4-34　六边形沉孔实体图

（10）拉伸螺栓孔沉孔　选择下拉菜单"插入"→"设计特征"→"拉伸"命令，系统弹出"拉伸"对话框，拉伸截面选择螺栓孔边缘轮廓，拉伸距离设为 3mm，偏置方式选择单侧，偏置距离设为 2mm。螺栓孔沉孔实体图如图 2-4-35 所示。

（11）侧板倒圆角　选择下拉菜单"插入"→"设计特征"→"倒圆角"命令，系统弹出"倒圆角"对话框，倒圆角对象选择侧板外围轮廓，圆角半径设为 5mm。侧板外围轮廓倒圆角实体图如图 2-4-36 所示。

再次选择【倒圆角】命令，系统弹出"倒圆角"对话框，倒圆角对象选择扳机内侧轮廓，圆角半径设为 4mm。扳机内侧轮廓倒圆角实体图如图 2-4-37 所示。

图 2-4-35　螺栓孔沉孔实体图

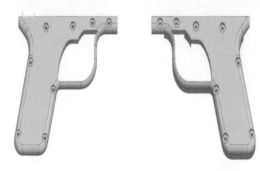

图 2-4-36　侧板外围轮廓倒圆角实体图

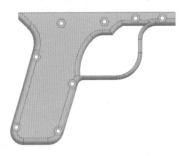

图 2-4-37　扳机内侧轮廓倒圆角实体图

8. 玩具手枪效果图渲染

（1）导入 KeyShot　将建好的玩具手枪模型导入 KeyShot 软件中做渲染准备，如图 2-4-38 所示。

图 2-4-38　导入 KeyShot

（2）添加相机　将玩具手枪的位置调整合适后，为了防止其在渲染过程中移动，"添加相机"并修改名称为"相机"，保存并锁定相机。

（3）添加材质　玩具枪主要由撞针、枪栓滑块、枪管、扳机、挂机板、导向护罩、枪柄左右侧板等几部分组成，将玩具枪按照材质的不同分层进行渲染。

枪管、扳机、导向护罩等几个部分为一组，材质类型修改为金属漆，修改基色 RGB 值（R：0，G：0，B：0），修改金属颜色 RGB 值（R：255，G：255，B：255），金属表面的粗糙度设置为 0.025。

枪柄左右侧板等部位为一组，材质类型修改为金属漆，修改基色 RGB 值（R：235，G：

235，B：235），修改金属颜色RGB值（R：239，G：231，B：231），金属表面的粗糙度设置为0.07。

撞针部位的材质类型修改为金属漆，修改基色RGB值（R：255，G：48，B：0），修改金属颜色RGB值（R：174，G：0，B：0），金属表面的粗糙度设置为0.05。完成后的效果图如图2-4-39所示。

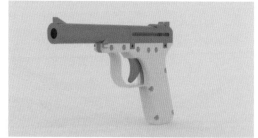

图 2-4-39　添加材质后的效果图

（4）照明调整　在"照明"中，我们将照明预设值修改为产品，如图2-4-40所示。

（5）环境调整　在"环境"中将HDRI编辑器调整为颜色模式，调整颜色的RGB值（R：0，G：0，B：0），从而使整个背景黑暗，如图2-4-41所示。

图 2-4-40　照明调整

图 2-4-41　环境调整

（6）添加灯光

灯光1：添加"针"，设置高亮显示，灯光设置为圆形灯光，白色，半径调整为30mm，亮度调整为4，衰减模式调整为指数模式，衰减数值为0.1。将"针"放置在图2-4-42所示的位置作为整个产品渲染场景的主光源。

灯光2：添加"针"，设置高亮显示，灯光设置为圆形灯光，白色，半径调整为30mm，亮度调整为0.5，衰减模式调整为指数模式，衰减数值为0.1。将"针"放置在玩具手枪顶部增加顶光源，如图2-4-43所示。

图 2-4-42　添加灯光（1）

图 2-4-43　添加灯光（2）

灯光 3：添加"针"，设置高亮显示，灯光设置为圆形灯光，白色，半径调整为 25mm，亮度调整为 1，衰减模式调整为指数模式，衰减数值为 0.015。将"针"放置在枪管底部增加枪管底部的亮度，如图 2-4-43 所示。

灯光 4：添加"针"，设置高亮显示，灯光设置为圆形灯光，白色，半径调整为 15mm，亮度调整为 0.8，衰减模式调整为指数模式，衰减数值为 0.1。将"针"放置在玩具手枪左侧增加枪管光效，如图 2-4-44 所示。

灯光 5：添加"针"，设置高亮显示，灯光设置为圆形灯光，白色，半径调整为 26.5mm，亮度调整为 1，衰减模式调整为指数模式，衰减数值为 0.1。将"针"放置在玩具手枪右侧增加光效，如图 2-4-44 所示。

灯光 6：观察整个玩具手枪的渲染场景，增加暗部灯光。添加"针"，设置高亮显示，灯光设置为圆形灯光，白色，半径调整为 20mm，亮度调整为 1，衰减模式调整为指数模式，衰减数值为 0.5。将"针"放置在枪柄左侧增加枪柄处的光线，如图 2-4-45 所示。

图 2-4-44　添加灯光（3）

图 2-4-45　添加灯光（4）

灯光 7：对灯光 1 进行复制后，调整"针"的灯光为圆形灯光，白色，半径调整为 15mm，亮度调整为 5，衰减模式调整为指数模式，衰减数值为 0.1。灯光 7 增加产品高光处的亮度，如图 2-4-45 所示。

（7）整体调整，渲染出图　根据渲染效果，对材质再次进行调整，将产品背景调整为"颜色"模式，调整颜色的 RGB 值（R：255，G：255，B：255）。将调整好的模型进行效果图出图准备，选择"静态图像"，并调整分辨率。最终效果图如图 2-4-46 所示。

图 2-4-46　最终效果图

【任务拓展】

1. 任务场景描述

某企业根据市场需求，需要对筋膜枪的壳体造型进行改进设计。由于公司研发人员短缺，该企业人员找到你们团队，要求对筋膜枪的壳体外观造型进行改进，希望在两至三个工作日内完成新款筋膜枪的壳体造型设计与 3D 打印手板制作。

企业高层找到相关负责人，请求帮忙解决问题。

相关负责人了解到以下需求：

1）设计一款简单实用、美观大方、富有创意的筋膜枪的壳体，绘制造型设计简图。

2）具有良好的性价比，在满足功能要求的前提下，尽量降低成本。

3）尽量做到美观实用，结构简单，容易维护。

4）达到要求的美观效果，以保证良好的宣传效果。

5）要求该筋膜枪的壳体具有良好的适应性和扩展性，以满足其他场所和环境的需要，富有创意。

2. 相关要求

请设计绘制机构的原理草图及控制系统原理框图，并对机构的基本工作原理和控制原理做简要说明。尽可能详细地拟订能实现该机构具体要求的工作计划、设计制作方案、生产流程等，并做必要的成本分析。

假如还有其他问题，需要与委托方或者其他用户或专业人员讨论的话，请写下来，并全面详细地陈述你的建议方案和理由。

3. 劳动工具与辅助工具

为了完成任务，允许使用学校常用的所有工具，如手册、专业书籍、游标卡尺、装有 CAD/CAM 等应用软件的计算机、笔记、计算器等。

4. 解决方案评价内容参考

（1）直观性 / 展示性

1）是否给出并详细讲解了装配示意图和其他示意图。

2）是否编写出一份一目了然的所用材料及部件的清单（如表格）。

3）图形、表格、用词等是否符合专业规范。

（2）功能性

1）从技术角度看，装配解决方案是否合理有效。

2）所设计的工作 / 装配流程是否合理。

3）所列的解释和描述在专业上是否正确。

4）是否能识别出各种解决方案的优缺点。

（3）使用价值导向

1）解释和草图是否外行人也能看得懂。

2）所设计的方案是否易于实施？

3）是否提出了超出客户期望的合理建议。

4）是否交给用户一份说明书，使其了解当使用过程中出现问题时如何应对。

（4）经济性

1）是否考虑到各种解决方案的费用和劳动投入量。

2）施工方案是否具有经济性。

3）在提出的多种方案中选择这种方案的理由是什么。

4）是否考虑了节能环保问题。

（5）工作过程导向

1）在解决方案中是否考虑到了客户的要求。

2）在确定施工工艺时，是否考虑了后期的维护与保养。

3）计划中是否考虑到如何向客户移交。

4）是否有一个包括时间进度、人员安排的工作计划。

（6）社会接受度

1）是否考虑到安全施工、事故防范的内容。

2）方案中是否有人性化设计，如工作环境、场地设施是否关注员工的身体健康和考虑操作的方便性。

（7）环保性

1）是否考虑了废物（包括原装置未损坏部分）的再利用。

2）是否考虑了施工所产生废料的妥善处理办法。

（8）创造性

1）方案（包括备选方案）是否回应了客户提出的问题，例如人员身份、位置信息、共享安全等。

2）是否想到过创新的解决方案。

【任务评价】

任务评价表见表 2-4-1。

表 2-4-1　任务评价表

测试任务			玩具枪的造型设计				
能力模块		编码	姓名		日期		
一级能力	二级能力	序号	评分项说明	完全不符	基本不符	基本符合	完全符合
功能性能力	直观性/展示性	1	用造型简图、草图等表达造型设计方案				
		2	用二维或三维模型、零件图、装配图等表达造型结构				
		3	用爆炸动画或爆炸图表达各个零件的相互位置关系及装配顺序				
		4	用机构运动仿真动画表达造型的正确性和验证造型结构是否干涉				
		5	解决方案与专业规范或技术标准相符合，解决方案条理清晰，并撰写说明书				
	功能性	6	根据机构的自由度、机构具有确定运动的条件、机构的运动特性（轨迹、速度、急回特性等）分析造型设计是否满足功能性要求				
		7	分析各零件的造型结构是否满足 3D 打印造型的工艺				
		8	从零件的尺寸、形状、配合关系及零件的定位和紧固等分析造型结构设计的合理性				
过程性能力	使用价值导向	9	解释造型草图外行人也能看得懂				
		10	是否提出了超出用户期望的建议；对于委托方来说，方案是否具有价值				
		11	同一个功能要求要尽量设计多个机构方案并进行分析比较，一个造型方案要设计多个应用场景				
		12	产品的使用稳定性要好				
		13	是否考虑了后期的维修保养				
	经济性	14	根据工艺要求、材料物理特性及价格等选用物美价廉的材料				
		15	造型设计要能满足 3D 打印时消耗材料少、打印时间短、设备磨损低等要求				
		16	要考虑到各种解决方案的费用和劳动投入量				
		17	从降低总体成本的角度来设计方案，如适当采用标准件、零件结构尽量采用标准化设计				

（续）

测试任务			玩具枪的造型设计					
能力模块		编码		姓名		日期		
一级能力	二级能力	序号	评分项说明	完全不符	基本不符	基本符合	完全符合
过程性能力	工作过程导向	18	根据设计生产流程及设计项目参与者的专业和技能特点将任务进行合理的分配				
		19	设计时要考虑是否符合 3D 打印工艺和后续安装工艺				
		20	计划中要考虑到如何向客户移交，要有进度表和工作计划				
		21	不同任务的成员之间要加强沟通、密切配合，前后作业之间要有效衔接				
设计能力	社会接受度	22	造型设计要适合人体的基本尺寸，符合人机工程的基本原则，产品便于人操作				
		23	方案设计要注意预防错误操作，保证人员和设备的安全				
		24	尽量保证作品与社会和人的和谐关系，减少噪声、光污染等				
	环保性	25	方案设计要具有好的加工工艺性，加工工艺的选择要考虑节能减排				
		26	了解材料的特性，正确选择环保材料				
		27	方案设计时要考虑到废料、零件、构件的回收利用				
	创造性	28	造型设计简单巧妙				
		29	造型设计既能满足工艺要求，也能满足功能要求，还能节约材料，具有很好的力学特性				
		30	产品造型的形态新颖、功能巧妙、便于后期推广				
小计							
合计							

【拓展阅读】

将文化与设计融为一体

通俗地讲，工业设计就是用以人为本的理念解决问题的过程。工业设计处于制造业产业和产品创新链的起点、价值链的源头，是生产性服务业的重要组成部分，其发展水平也是衡量国家工业竞争力的重要标准之一。在加快建设制造强国的时代背景下，充分发展装备制造业工业设计，既有利于企业提高自主创新能力，引导其向价值链高端延伸，增强其国际竞争力，也对促进全产业链发展，推进制造业与服务业融合发展，全面实现制造业转型升级具有重要意义。

从"人"出发，把"人"的需求放在中心，再通过一系列设计流程，把需求变成问题的解决办法，是工业设计的价值所在。这一理念并非凭空而生，早在秦朝的石质铠甲设计中便有所体现，石质铠甲的腰部以下及披膊的甲片都是下片压上片，这样能够使披甲人更加灵活地弯腰、举臂。在现代载人航天空间站乘员设备设计中，设计团队同样遵循"以人为中心"的设计观，从航天员操作习惯及工效学要求出发，创新人性化设计，使产品的操作部件符合人体尺度规律，使航天设备兼具可用性与易用性。在"深海勇士"号载人潜水器设备的设计中，由于深海作业任务时间长、空间小、难度和强度大，设计更要突出"人"的因素，致力于为潜航员提供安全、舒适、高效的作业环境，最大限度降低操作过程中的不适感和疲劳感。将"以人为中心"的设计理念贯穿装备设计创新全过程，有利于构建创新型组织，建立有效流程，提升产品质量，改善用户体验，形成持续竞争优势，激发创造活力。

工业设计的更高境界是将文化与设计融为一体。中华优秀传统文化中蕴含着宝贵的创新力量，深入汲取、吸收其精华，能够使当代工业设计走得更稳。例如，秦人设计的三棱形箭镞，其边缘呈流线型，这种设计可以减小箭镞在飞行过程中受到的空气阻力，从而更加平稳地射中目标。今天，在设计国产大型客机 C919 时，为减少空气阻力，商飞团队同样对机头、机身、翼梢都做了改进，与国际相近机型相比，其阻力减少了 5%。通过古今对照，更好地实现了古老智慧的现代转化。现代工业设计强调"形式追随功能"，这一理念其实古已有之，古代食器就经历了从无盖到有盖的发展过程。无论是为了防尘、保温还是贮藏，器盖的产生都是为了应对食物有余这一现象，然后制造者才开始关注器盖造型的美化设计。这对现在一些工业设计者注重器物外观设计却忽视其内在实用功能的现象有所启示。

当下，研究文化与设计的融合，不仅要研究传统文化的视觉表达，更要研究传统文化与时代精神的融合，使其既"悦目"又"赏心"。例如，为完成以唐代仕女陶俑为原型的文创产品研发，团队努力寻找文物中体现开放、包容与自信的元素，使大唐风貌与当代精神相融合，并结合现代设计语言，设计出了既有传统形象神韵，亦有现代时尚表情的产品。在新一代涡桨支线飞机"新舟"700 驾驶舱及客舱内饰的工业设计中，设计团队依据一体化设计原则，不仅注重创造物境，更注重营造中国传统哲学中的"意境"。在满足功能需求基础上，团队努力通过形态设计营造协调、舒适的简化空间，整体产品形态利用特征曲线、曲面与内饰呼应，形成自然、亲和、清爽的立体空间效果。因此，工业设计产品要想为人们带去更深层次的文化精神上的感动，设计师不仅应关注设计之"术"，更应关注设计之"道"里的"中国之道"，将其融入设计，可赋予产品更深刻、更独特的内涵。

提升装备制造业工业设计自主创新能力，还需向社会传达正确的工业设计理念。以设计创新思维为主的创新机制，提倡将设计融入创新链前端，帮助企业在产品开发中应用设计流程，使设计创新思维成为企业战略的组成部分。运用设计创新思维不仅能够提升装备制造业的设计质量，而且可以改善长期以来重视技术创新而忽视设计创新、重视工程设计而工业设计缺失的问题，缩小我国在设计理念和现代设计方法上与发达国家的差距，改变长期以来工业设计仅局限于轻工产品，而在国家重大科技工程里缺位的尴尬境地。

今天，制造的基础和用户的需求都在发生变化，不能再以过去的制造特征来提供面向现代的设计服务。我们所面临的是新的智造时代，这是机遇，也是挑战，应积极顺应时代大潮，为大国制造插上设计创新的翅膀。

项目 3　装配与仿真

当今世界，基于信息和知识的产品正在高速发展，制造企业需要以最短的产品开发时间（Time）、最优的产品质量（Quality）、最低的成本（Cost）和价格及最佳的服务（Service）（即TQCS）来赢得用户和市场。而实现这一目标的方法就是将系统科学、计算机科学、虚拟现实、人工智能等技术与制造技术相结合，形成全新概念的现代先进制造技术——虚拟制造。

虚拟现实技术在并行工程中的应用——虚拟装配（Virtual Assembly，VA）作为一种强有力的计算机辅助工具，适应了并行工程及其发展的需要，必将对传统制造业进行一次新的变革。

虚拟装配是虚拟制造的关键组成部分，它利用计算机工具，通过分析产品模型，对产品进行数据描述和可视化，即可做出与装配有关的工程决策，而不需要实物产品模型作支持。虚拟装配从根本上改变了传统的产品设计、制造模式。在实际产品生产之前，首先在虚拟制造环境中完成虚拟产品原型代替实际产品进行试验，对其性能和可装配性等进行评价，从而达到全局最优，缩短产品设计与制造周期，降低产品开发成本，提高产品快速响应市场变化的能力。

虚拟装配是许多技术和成果的综合利用，例如可视化技术、仿真技术、决策理论、装配和制造过程的研究等。仿真是实现虚拟装配的主要手段。

虚拟制造的最终实现就是要利用各种不同层次的仿真手段来模拟优化产品设计制造的过程，以达到一次设计成功的目的。仿真的基本步骤为研究系统→收集数据→建立系统模型→确定仿真算法→建立仿真模型→运行仿真模型→输出结果并分析。

产品制造过程的仿真，可归纳为制造系统仿真和加工过程仿真。虚拟制造系统中的产品开发涉及产品建模仿真、设计过程规划仿真、设计思维过程和设计交互行为仿真等，以便对设计结果进行评价，实现设计过程早期反馈，减少或避免产品设计错误。加工过程仿真包括切削过程仿真、装配过程仿真、检验过程仿真，以及焊接、压力加工、铸造仿真等。

零部件的装配作业是现代化生产过程的一个重要环节。零部件装配成功与否是由零件装配时的几何约束及相应的力学状态来决定的。几何约束可以通过运动轨迹分析和动画来描述。装配过程仿真是以仿真技术、可视化技术为支持的，在产品设计之后、加工制造之前进行。装配过程仿真能使人体会到未来产品的性能或制造运行的状态，以此来检验设计的合理性，从而得到令人满意的机械设计，并规划出科学的、合理的、高效的工艺流程。

为缩短产品开发周期，降低成本，在设计阶段利用计算机模拟产品的实际装配过程，直观展示其可装配性。装配过程仿真就是在计算机上模拟产品的实际装配过程，直观展示可装配性和装配方法。装配仿真可以展示装配仿真结果，检查运动干涉，分析运动合理性，生成文本方式的装配工艺文件、干涉检查报告和图形方式的装配路径等。装配过程仿真具有多种操作选择方式，如全过程装配或拆卸、单个装配或拆卸操作、单个装配或拆卸操作中的某次运动等。

仿真技术、虚拟现实技术的发展给虚拟装配提供了一个强有力的技术支持。实际上，虚拟装配系统是虚拟制造系统的部分内容，它的产生和发展也完全是在虚拟制造系统的产生和发展中得以实现的。

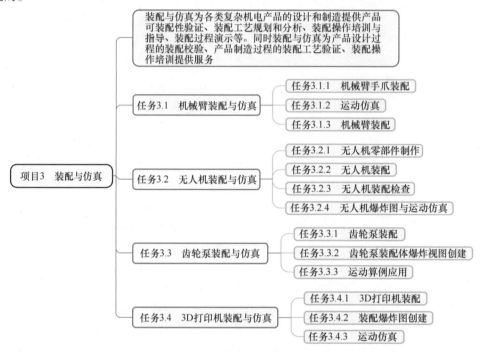

任务 3.1　机械臂装配与仿真

【思维导图】

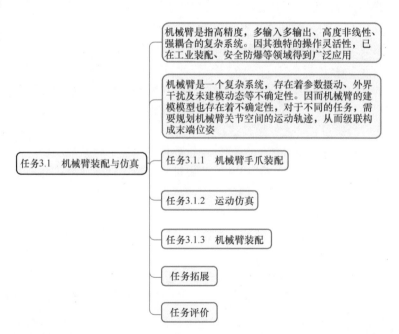

2021 年 7 月 4 日，经过约 7h 的出舱活动，神舟十二号航天员乘组圆满完成出舱活动期间全部既定任务，我国空间站阶段航天员首次出舱活动取得圆满成功。

此次出舱活动首次检验了航天员与机械臂协同工作的能力，雄伟有力的空间站核心舱机械臂格外引人注目。

空间站核心舱机械臂展开长度为 10.2m，最多能承载 25t 的质量，是空间站任务中的"大力士"。其肩部设置了 3 个关节，肘部设置了 1 个关节，腕部设置了 3 个关节，每个关节对应 1 个自由度，具有七自由度的活动能力。

通过各个关节的旋转，空间站核心舱机械臂能够实现自身前后左右任意角度与位置的抓取和操作，为航天员顺利开展出舱任务提供了强有力的保证。

除支持航天员出舱活动外，空间站核心舱机械臂还承担了舱段转位、舱外货物搬运、舱外状态检查、舱外大型设备维护等在轨任务，是目前同类航天产品中复杂度最高、规模最大、控制精度最高的空间智能机械系统。

为扩大任务触及范围，空间站核心舱机械臂还具备"爬行"功能。由于核心舱机械臂采用了"肩 3+ 肘 1+ 腕 3"的关节配置方案，肩部和腕部关节配置相同，意味着机械臂两端活动功能是一样的。机械臂通过末端执行器与目标适配器对接与分离，同时配合各关节的联合运动，从而实现在舱体上的爬行转移。

本任务主要学习对机械臂的三维模型进行仿真装配和运动仿真测试。

任务 3.1.1　机械臂手爪装配

【任务目标】

1）掌握装配的相关理论知识，掌握装配的基本技能。

2）通过机械臂手爪装配，学会部件装配的基本步骤。

3）掌握在装配中装入零部件的方法。

4）掌握给零部件添加"配合""角度""相切"和"插入"装配约束的方法。

【任务描述】

1）观察机械臂手爪的机械结构，思考其装配顺序。

2）利用所学的 Inventor 装配知识进行机械臂手爪装配。供参考的机械臂手爪装配如图 3-1-1 所示。

【任务实施】

1. 装配

装配是 CAD 软件辅助设计工程师进行产品级设计的基础功能，也是一个 CAD 软件的核心能力之一，同时也是工程师必须掌握的 CAD 能力之一。Inventor 软件的装配模块不仅能方便实现对部件组织关系的创建和调整，同进也拥有对部件之间的参数关系进行处理的强大能力（也就是常说的装配中的部件关联关系）。基于此，Inventor 软件的装配模块不仅能将产品零部件按设计意图组织起来，进行设计的验证及修改，也能帮

图 3-1-1　机械臂手爪装配

助工程师自上而下地进行创新产品的设计研发。这也是为什么装配是一名工程师必须掌握的 CAD 能力之一。

装配设计主要是进行零部件的装配和编辑，是基于装配关系进行的关联设计。在 Inventor 的装配环境中，可将已有零部件导入并进行组装，检查各零部件的设计是否满足设计要求，并对不符合要求的零部件进行修改，也可以在该环境中结合现有的零部件及其装配关系创建新的零部件。此外，零部件装配设计也是创建表达视图、动画、装配工程图等的基础。

所谓装配是将零部件通过添加约束装配成一个整体。装配设计有以下三种基本方法：

（1）自上而下　应用这种方法，所有的零部件设计将在装配环境中完成。可以先创建一个装配空间，然后在这个装配空间中设计相互关联的零部件。

（2）自下而上　应用这种方法，所有的零部件将在其他零件或部件装配环境中单独完成，然后添加到新创建的部件装配环境中并通过添加约束使之相互关联，完成装配。

（3）混和设计方法　混合设计方法结合了自下而上设计方法和自上而下设计方法的优点。通常，从一些现有的零部件开始设计所需的其他零件，首先要分析设计意图，接着插入或创建固定（基础）零部件。设计部件时，可以添加现有的零部件，或根据需要在位创建新的零部件。这样，零部件的设计过程就会十分灵活，可以根据具体的情况，选择自下而上或自上而下的设计方法。

2. 装配约束

装配约束用于确立零部件在部件中的方向，并仿真零部件之间的机械关系。Inventor 常见的约束有以下几种：

（1）配合约束　将选定的零部件面对面放置或者使其表面齐平。选择的几何图元通常是一个零部件面，但也可以选择曲线、平面、边或点。

（2）角度约束　控制边或平面之间的角度。使用"约束"或"装配"命令在两个部件之间放置角度约束。

（3）相切约束　用于定位面、平面、圆柱面、球面、圆锥面和规则的样条曲线，使它们相切。使用"约束"或"装配"命令在部件之间放置相切约束。

（4）插入约束　将平面配合和轴配合作为单个约束放置在选定的圆柱面或边之间。使用"约束"或"装配"命令放置插入约束。例如，使用插入约束在孔中定位螺栓，螺栓可以自由旋转，但在平面之间或轴之间的移动受到约束。

（5）对称约束　根据平面或平整面对称地放置两个对象。

3. 装配模型的一般过程

装配模型的一般过程如下：

1）新建一个三维装配模型，操作步骤如图 3-1-2 所示。

2）装入第一个零部件，操作步骤如图 3-1-3 所示。

3）装入第 N 个零部件，操作步骤同 2）。

4. 机械臂手爪装配

（1）爪基板的建模

1）选择"三维模型"→"开始创建二维草图"，选择 XZ 平面创建草图，选择"草图"→"圆"→"选择圆点"，绘制 ϕ36mm 和 ϕ30mm 的两个同心圆，如图 3-1-4 所示，单击"确定"完成草图。

2）选择"三维模型"→"特性"→"拉伸"命令，选择两个圆的轮廓，具体参数如图 3-1-5 所示，单击"应用并新建拉伸"，再次选择 ϕ30mm 的轮廓拉伸求差，具体参数如图 3-1-6 所示，单击"确定"。

图 3-1-2 新建装配模型

图 3-1-3 装入第一个零件

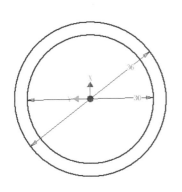

图 3-1-4 绘制同心圆

图 3-1-5 拉伸参数（1）

图 3-1-6 拉伸参数（2）

3）选择"三维模型"→"平面"→"从平面偏移"，选择 XZ 平面并偏移 −20mm 创建工作平面 1，在新建平面上绘制图 3-1-7 所示的草图，并拉伸 5mm。

4）继续在工作平面 1 上绘制图 3-1-8 所示的草图，并完成拉伸，拉伸距离为 10mm。

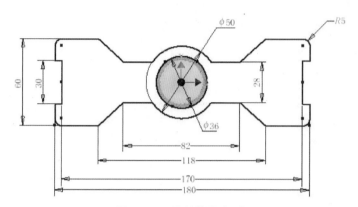

图 3-1-7　绘制草图（1）

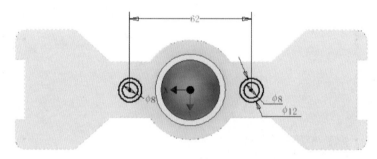

图 3-1-8　绘制草图（2）

（2）爪连杆的建模

1）选择"三维模型"→"开始创建二维草图"，选择 XY 平面创建草图，绘制图 3-1-9 所示的草图。

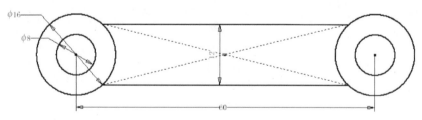

图 3-1-9　绘制草图（3）

2）选择"三维模型"→"拉伸"，草图轮廓选择两端同心圆的封闭轮廓，对称拉伸 10mm，接着选择两端半圆弧的矩形，对称拉伸 8mm，完成爪连杆的建模，如图 3-1-10 所示。

（3）夹板 A 的建模

1）选择"三维模型"→"三维模型"，选择 XY 平面创建草图，绘制图 3-1-11 所示的草图。

图 3-1-10　爪连杆

2）选择"三维模型"→"拉伸"，草图轮廓选择上边同心圆的封闭轮廓，对称拉伸 10mm，接着选择两端半圆弧的矩形，对称拉伸 8mm，再选择下边同心圆的封闭轮廓，不对称拉伸 5mm 和 15mm，完成效果图如图 3-1-12 所示。

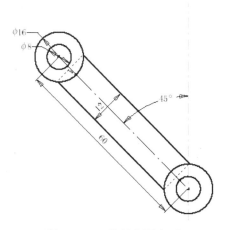

图 3-1-11　绘制草图（4）

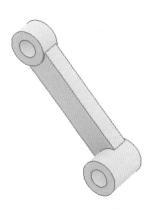

图 3-1-12　完成效果图

3）选择"三维模型"→"平面"→"从平面偏移"，选择图 3-1-12 所示模型的下圆柱体端面，偏移 1mm 创建平面，在创建的平面上绘制图 3-1-13 所示的草图，然后将草图拉伸 8mm，完成效果图如图 3-1-14 所示。

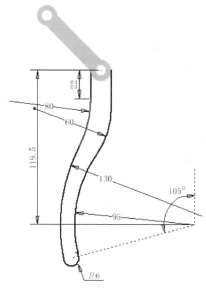

图 3-1-13　绘制草图（5）

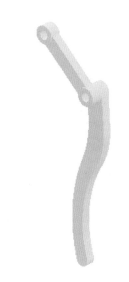

图 3-1-14　完成效果图

（4）手爪装配

1）新建部件文件，选择"装配"→"零部件"→"放置"，选择"爪基板 .ipt"文件，右击，在打开的菜单中选择"在原点处固定"。

2）将"爪固定板 A.ipt"放入，按照图 3-1-15 中所示的①②③面通过配合约束关系进行约束。按照图 3-1-16 所示的装配位置关系将右侧"爪固定板 A.ipt""爪固定板 B.ipt""爪固定板 C.ipt"进行配合约束，完成效果图如图 3-1-17 所示。

图 3-1-15　配合约束

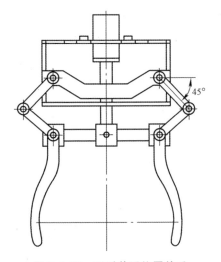

图 3-1-16　手爪装配位置关系

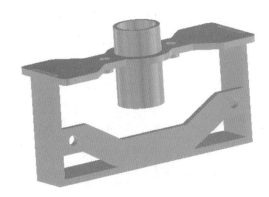

图 3-1-17　完成效果图

3）将"爪移动梁 .ipt"放入，选择上台阶圆和爪基板圆柱孔下端面圆进行插入约束，如图 3-1-18 所示。

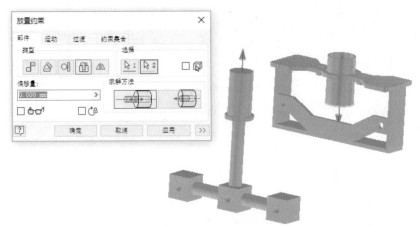

图 3-1-18　插入约束

4）利用步骤 3 的方法将"爪连杆 .ipt"和"爪固定板 C.ipt"放入并对相应孔进行插入约束，将"夹板 A.ipt"放入，并对夹板 A、爪移动梁、爪连杆的相应孔进行插入约束，完成效果图如图 3-1-1 所示。

任务 3.1.2　运动仿真

【任务目标】

1）掌握在装配中给零部件添加运动约束和驱动约束的方法。
2）掌握添加装配约束的方法。
3）掌握利用距离参数驱动机构运动的方法。

【任务描述】

1）观察机械臂手爪的机械结构，思考其运动规律。
2）利用所学的 Inventor 运动仿真知识，对机械臂手爪进行运动仿真。

【任务实施】

1. 添加运动约束

在 Inventor 中，还可以向部件中的零部件添加运动约束。运动约束在驱动齿轮、带轮、齿条与齿轮以及其他设备的运动中使用。可以在两个或多个零部件间应用运动约束，通过驱动一个零部件使其他零部件作相应的运动。

运动约束指定了零部件之间的预定运动，零部件只在剩余自由度上运转，所以不会与位置约束冲突，不会调整自适应零件的大小或移动固定零部件。重要的一点是，运动约束不会保持零部件之间的位置关系，所以在应用运动约束之前应先完全约束零部件，然后可以限制要驱动的零部件的运动约束。

为零部件添加运动约束的步骤如下：

1）单击"装配"→"位置"→"约束"工具按钮，打开"放置约束"对话框，选择"运动"选项卡，如图 3-1-19 所示。

2）选择运动的类型。在 Inventor 中可以选择以下两种运动类型：

① 转动约束：指定选择的第一个零件按指定传动比相对于另一个零件转动，典型的使用是齿轮和滑轮。

图 3-1-19　"运动"选项卡

② 转动 - 平动约束：指定选择的第一个零件按指定距离相对于另一个零件的平动而转动，典型的使用是齿条与齿轮运动。

3）指定了运动方式以后，选择要约束到一起的零部件上的几何图元，可以指定一个或更多的曲面、平面或点，用来定义零部件如何固定在一起。

4）指定转动运动类型下的传动比、转动 - 平动类型下的距离（即指定相对于第一个零件旋转一次时，第二个零件所移动的距离），以及两种运动类型下的运动方式。

5）单击"确定"按钮以完成运动约束的创建。

2. 驱动约束

往往在装配完毕的部件中包含有可以运动的机构，这时可以利用 Inventor 驱动约束工具模拟机构运动。驱动约束是按照顺序步骤来模拟机械运动的，零部件按照指定的增量和距离依次进行定位。

驱动约束都是从浏览器中进行的，步骤如下：

1）选择浏览器中的某一个装配图标，右击，可以在打开的菜单中看到"驱动约束"命令，选择后打开图 3-1-20 所示的"驱动"对话框。

2）"开始"选项用来设置偏移量或角度的起始位置，数值可以被输入、测量或设置为尺寸值，默认值是定义的偏移量或角度。

3）"结束"选项用来设置偏移量或角度的终止位置，默认值是起始值加 10。

图 3-1-20 "驱动"对话框

4）"暂停延迟"选项是以秒为单位设置各步之间的延迟，默认值是 0。

5）一组播放控制按钮用来控制演示动画的播放。

6）"录像"按钮⊙用来将动画录制为 AVI 文件。

7）如果勾选"驱动自适应"复选框，可以在调整零部件时保持约束关系。

8）如果勾选"碰撞检测"复选框，则在驱动约束部件的同时检测干涉，如果检测到内部有干涉，将给出警告并停止运动。

9）在"增量"选项组中，"增量值"文本框中指定的数值将作为增量，"总步数"文本框中指定的数值将以相等步长将驱动过程分隔为指定的数目。

10）在"重复次数"选项组中，"开始/结束"则是从开始值到结束值驱动约束，在开始值处重设。"开始/结束/开始"则是从开始值到结束值驱动约束并返回开始值，一次重复中完成的周期数取决于文本框中的值。

11）"Avi 速率"用来指定在录制动画时拍摄"快照"作为一帧的增量。

3. 机械臂手爪运动仿真

1）打开任务一装配完成的"机械臂手爪 .iam"模型，在右侧的模型浏览器中找到"爪移动梁"和"爪基板"的插入约束，右击，在打开的菜单中选择"驱动"，如图 3-1-21 所示。

2）在弹出的对话框中将开始距离设为 0mm，结束距离设为 30mm，勾选"碰撞检测"复选框，单击播放按钮就可以看到爪移动梁做上下移动。驱动约束参数设置如图 3-1-22 所示。

3）在确定手爪运动没有问题后，可以单击录制按钮（见图 3-1-23），在弹出的对话框中选择扩展名为 WMV 或 AVI 的视频格式，单击播放按钮，系统自动录制手爪的运动过程。如果后期进行参数修改，从模型浏览器中找到相应的约束，右击，在打开的菜单中选择"编辑"即可完成操作。

对于手爪的运动仿真，还可以通过驱动爪连杆的角度或者利用 Inventor Studio 等方法，在这里不再赘述。

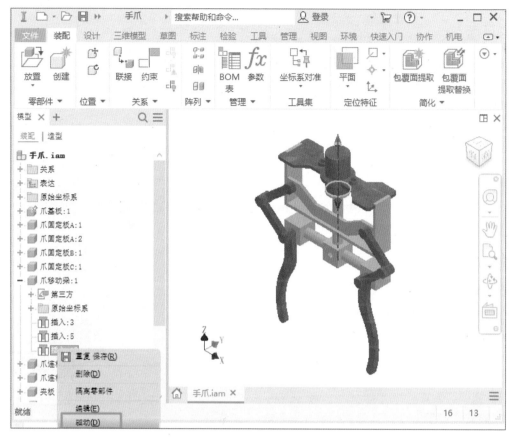

图 3-1-21　驱动约束

图 3-1-22　驱动约束参数设置

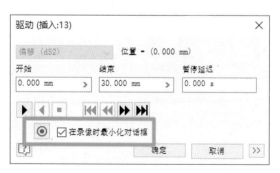

图 3-1-23　录制按钮

任务 3.1.3　机械臂装配

【任务目标】

1）学习产品外观造型的相关理论知识，掌握产品造型设计的基本技能。

2）通过对机械臂装配及运动仿真的学习，掌握产品之间的配合以及运动方式。

3）掌握装配环境以及仿真环境中相关选项的使用。

4）掌握 Inventor 基本装配与仿真选项的使用。

5）熟练使用各种查询工具。

【任务描述】

利用所学的 Inventor 的装配知识进行机械臂整体的装配。供参考的机械臂造型设计案例如图 3-1-24 所示。

【任务实施】

1. 零件的配合约束

1）首先将底座部分的四个零件分别导入到新创建的部件环境中，在右击打开的菜单中选择"在原点处固定放置"，从而固定 4 个零件。

2）选择"阵列"→"环形阵列"，将 4 个底盘支架绕底座环形排列。

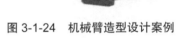

图 3-1-24　机械臂造型设计案例

3）将转盘解除固定，选择"约束"→"插入"，将其与底盘进行装配，接着将底盘支架、下臂部分等零部件装入，如图 3-1-25 所示。

图 3-1-25　装入零部件

4）底盘支架的配合装配：选择"约束"→"插入"，将底盘支架槽部圆周与转盘上的缺口圆周对齐，这个时候两个零件是紧密配合的。用"自由移动"命令将底盘支架移动开，接着再次选择"插入"，使另一半圆周也对齐。

5）下臂内外壳的配合装配：选择"约束"→"插入"，将下臂内壳下方的圆周缺口与底盘支架的圆形凸槽进行配合，如图 3-1-26 所示。

6）上臂部分的配合装配：选择"约束"→"插入"将上臂连接的圆凹槽与下臂内壳的圆凸槽进行配合，选择"装入零部件"导入上臂盖，选择"约束"→"配合"先将配合的两个面对齐，然后将两零件轴线对齐，从而进行装配，如图 3-1-27 所示。

图 3-1-26　下臂内外壳的
配合装配

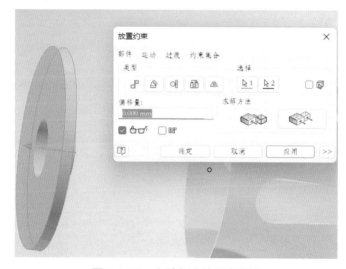

图 3-1-27　上臂部分的配合装配

7）前臂部分的配合装配：选择"约束"→"插入"，将前臂的圆凸槽与上臂盖的凹槽进行约束，如图 3-1-28 所示。

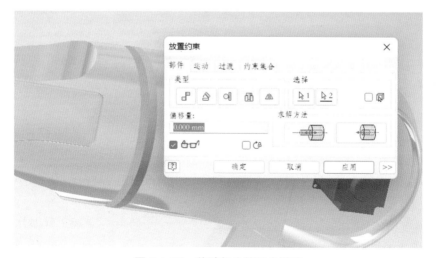

图 3-1-28　前臂部分的配合装配

8）爪连接的配合装配：选择"约束"→"插入"，将爪连接侧边圆凹槽与前臂侧边圆凸槽进行配合，如图 3-1-29 所示。

图 3-1-29　爪连接的配合装配

9）选择模型上刚刚确定位置约束的所有部件的平面，使平面可见，从而为下面的运动装配进行铺垫，如图 3-1-30 所示。

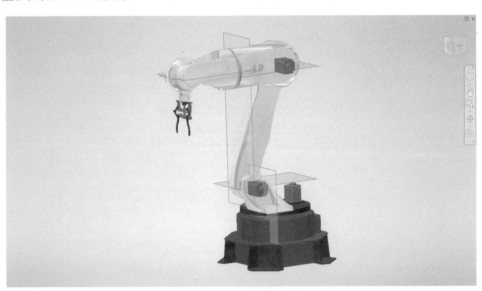

图 3-1-30　设置平面可见

2. 零件运动约束

1）转盘的运动约束：选择"约束"→"角度"→"定向角度"，将转盘上方形凸槽的边与底盘上侧面进行约束。

2）下臂部分的运动约束：选择"约束"→"角度"→"定向角度"，将下臂部分的 YZ 平面与底盘连接的 YZ 平面进行约束，角度为 180°。

3）上臂部分的运动约束：选择"约束"→"角度"→"定向角度"，将上臂部分的 YZ 平面与下臂部分的 XZ 平面进行约束。

4）前臂部分的运动约束：选择"约束"→"角度"→"定向角度"，将前臂部分的 XY 平面与上臂部分的 YZ 平面进行约束。

5）爪连接部分的运动约束：选择"约束"→"角度"→"定向角度"，将爪连接部分 XZ 平面与前臂部分 XY 平面进行约束。

6）将刚刚定好的 5 个角度约束更名为 001~005，为后面的运动仿真做铺垫。

3. 手爪部分的装配以及装饰零件的装配

1）手爪部分位置的装配：选择"约束"→"配合"，将爪基板部分的圆凸槽轴线与爪连接部分圆凹槽处的轴线进行配合，小圆槽轴线进行配合，小圆顶面与爪连接底面进行配合。

2）手爪部分运动的装配：按住〈Ctrl〉键，选择爪移动梁、两个爪连杆以及夹板 A，右击选择"零部件"→"升级"，在"模型"→"关系"中找到爪移动梁与爪基板之间的插入约束并删除，选择"配合"将爪移动梁与爪基板之间的轴线进行配合，再进行面配合。此时面配合便是手爪部分的运动约束，更名为 006，为后面的运动仿真做铺垫。

3）将装饰件依次配合到零件上，便完成了机械臂整体的装配。

4. 机械臂运动仿真

机械臂装配与仿真动画，可扫描右侧的二维码观看。

机械臂装配与
仿真动画

仿真制作说明如下：

1）仿真前准备。在"环境"中找到"Inventor Studio"单击进入，单击"动画时间轴"，找到"动画选项"，将长度改为 5s，再在"装配 / 造型"中右击"机械臂 .iam"，选择"选择所有顶级约束"，在空白处右击选择"添加到动画收藏夹"，将模型调整到适当位置，按照给出的表格进行动画制作。

2）转盘的动画制作。在"动画收藏栏"中右击之前编辑好的 001，选择"约束动画制作"，在"约束"中将开始设为"0deg"，将结束设为"80deg"，在"自上一个开始"中将开始设为 0s，将结束设为 1s。

3）下臂的动画制作。在"动画收藏栏"中右击之前编辑好的 002，选择"约束动画制作"，在"约束"中将开始设为"180deg"，将结束设为"180deg-60deg"，在"指定"中将开始设为 2s，结束设为 3.5s。

4）上臂的动画制作。在"动画收藏栏"中右击之前编辑好的 003，选择"约束动画制作"在"约束"中将开始设为"0deg"，将结束设为"30deg"，在"指定"中将开始设为 2s，将结束设为 3.5s。

5）前臂动画制作。在"动画收藏栏"中右击之前编辑好的 004，选择"约束动画制作"，在"约束"中将开始设为"0deg"，将结束设为"20deg"，在"指定"中将开始设为 1s，将结束设为 1.5s。在动画时间轴上找到 004 的动画时间，右击选择"镜像"。

6）爪连接动画制作。在"动画收藏栏"中右击之前编辑好的 005，选择"约束动画制作"，在"约束"中将开始设为"0deg"，将结束设为"-90deg"，在"指定"中将开始设为 2s，将结束设为 3.5s。

7）卡爪的动画制作。在"动画收藏栏"中右击之前编辑好的 006，选择"约束动画制作"，在"约束"中将开始设为 0mm，将结束设为 20mm，在"指定"中将开始设为 3.5s，将结束设为 4s，在动画时间轴上找到 006 的动画时间，右击选择"镜像"，并拖动到 4.5~5s 这段时间上。

【任务拓展】

1. 场景描述

某企业根据实际生产需要，需要对现有机械臂功能进行优化升级。在任务三中现有机械臂手爪和机械臂的装配设计基础上，要求设计制作一个具有可靠连接和安装固定结构、手爪可以实现可靠夹持、快速安装更换等功能的一款针对多种不同工作对象进行搬运夹持的多功能机械手装置。设备需要满足以下几点要求：

1）设计一套简单实用、动作合理、安全可靠的机械手手爪连接安装固定结构，绘制结构原理简图。

2）优化设计一套具有快速更换功能的机械手手爪，使其能够根据加工对象的不同，实现手爪快速更换，且连接可靠、安装方便。

3）具有良好的性价比，在满足功能要求的前提下，尽量降低成本。

4）尽量做到美观实用，结构简单，容易安装、维护。

5）达到要求的传动效果，并保证有良好的传动效率以及运动精度。

6）要求该系统具有良好的适应性和扩展性，以满足其他场所和环境的需要。

2. 相关要求

请设计绘制机构的原理草图及控制系统原理框图，并对机构的基本工作原理和控制原理做简要说明。尽可能详细地拟订能实现该机构具体要求的工作计划、设计制作方案、生产流程等，并做必要的成本分析。

假如还有其他问题，需要与委托方或者其他用户或专业人员讨论的话，请写下来，并全面详细地陈述你的建议方案和理由。

3. 劳动工具与辅助工具

为了完成任务，允许使用学校常用的所有工具，如手册、专业书籍、游标卡尺、装有 CAD/CAM 等应用软件的计算机、笔记、计算器等。

4. 解决方案评价内容参考

（1）直观性/展示性

1）是否给出并详细讲解了装配示意图和其他示意图。

2）是否编写出一份一目了然的所用材料及部件的清单（如表格）。

3）图形、表格、用词等是否符合专业规范。

（2）功能性

1）从技术角度看，装配解决方案是否合理有效。

2）所设计的工作/装配流程是否合理。

3）所列的解释和描述在专业上是否正确。

4）是否能识别出各种解决方案的优缺点。

（3）使用价值导向

1）解释和草图外行人是否能看得懂。

2）所设计的方案是否易于实施。

3）是否提出了超出客户期望的合理建议。

4）是否交给用户一份说明书，使其了解当使用过程中出现问题时如何应对。

（4）经济性

1）是否考虑到各种解决方案的费用和劳动投入量。

2）施工方案是否具有经济性。

3）在提出的多种方案中选择这种方案的理由是什么。

4）是否考虑了节能环保问题。

（5）工作过程导向

1）在解决方案中是否考虑到了客户的要求。

2）在确定施工工艺时，是否考虑了后期的维护与保养。

3）计划中是否考虑到如何向客户移交。

4）是否有一个包括时间进度、人员安排的工作计划。

（6）社会接受度

1）是否考虑到安全施工、事故防范的内容。

2）方案中是否有人性化设计，如工作环境、场地设施是否关注员工的身体健康和考虑操作的方便性。

（7）环保性

1）是否考虑了废物（包括原装置未损坏部分）的再利用。

2）是否考虑了施工所产生废料的妥善处理办法。

（8）创造性

1）方案（包括备选方案）是否回应了客户提出的问题，例如人员身份、位置信息、共享安全等。

2）是否想到过创新的解决方案。

【任务评价】

任务评价表见表 3-1-1。

表 3-1-1　任务评价表

测试任务			机械臂装配与仿真					
能力模块		编码		姓名	日期			
一级能力	二级能力	序号	评分项说明	完全不符	基本不符	基本符合	完全符合
功能性能力	直观性/展示性	1	对委托方来说，解决方案的表述是否容易理解				
		2	对专业人员来说，是否恰当地描述了解决方案				
		3	是否直观形象地说明任务的解决方案，如用图表或图画				
		4	解决方案的层次结构是否分明，描述解决方案的条理是否清晰				
		5	解决方案是否与专业规范或技术标准相符合（从理论、实践、制图、数学和语言方面考虑）				
	功能性	6	解决方案是否满足功能性要求				
		7	是否达到"技术先进水平"				
		8	解决方案是否可以实施				
		9	是否（从职业活动的角度）说明了各种设计的理由				
		10	表述的解决方案是否正确				

（续）

测试任务			机械臂装配与仿真						
能力模块			编码		姓名		日期		
一级能力	二级能力	序号	评分项说明				完全不符	基本不符	基本符合	完全符合
过程性能力	使用价值导向	11	解决方案是否提供了方便的保养和维修							
		12	解决方案是否考虑了功能扩展的可能性							
		13	解决方案是否考虑了如何避免干扰并且说明了理由							
		14	对于使用者来说，解决方案是否方便、易于使用							
		15	对于委托方来说，解决方案（如设备）是否具有使用价值							
	经济性	16	实施解决方案的成本是否较低							
		17	时间与人员配置是否满足实施方案的要求							
		18	是否考虑了企业投入与收益之间的关系并说明理由							
		19	是否考虑了后续成本并说明理由							
		20	是否考虑了实施方案的过程（工作过程）的效率							
	工作过程导向	21	解决方案是否适合企业的生产流程和组织架构（包括自己和客户）							
		22	解决方案是否以工作过程为基础（而不仅是书本知识）							
		23	是否考虑了上游和下游的生产流程并说明理由							
		24	解决方案是否反映出与职业典型的工作过程相关的能力							
		25	解决方案中是否考虑了超出本职业工作范围的内容							
设计能力	社会接受度	26	解决方案在多大程度上考虑了人性化的工作设计和组织设计方面的可能							
		27	是否考虑了健康保护方面的内容并说明理由							
		28	是否考虑了人机工程方面的要求并说明理由							
		29	是否注意到工作安全和事故防范方面的规定与准则							
		30	解决方案在多大程度上考虑了对社会造成的影响							
	环保性	31	是否考虑了环境保护方面的相关规定并说明理由							
		32	解决方案中是否考虑了所用材料是否符合环境可持续发展的要求							
		33	解决方案在多大程度上考虑了环境友好的工作设计							
		34	是否考虑了废物的回收和再利用并说明理由							
		35	是否考虑了节能和能量效率的控制							
	创造性	36	解决方案是否包含特别的和有意思的想法							
		37	是否形成了一个既有新意同时又有意义的解决方案							
		38	解决方案是否具有创新性							
		39	解决方案是否显示出对问题的敏感性							
		40	解决方案中，是否充分利用了任务所提供的设计（创新）空间							
小计										
合计										

任务 3.2　无人机装配与仿真

【思维导图】

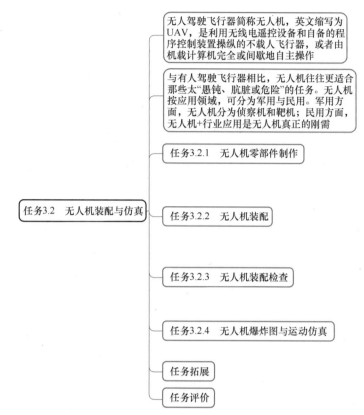

无人机主要包括机体、飞行控制系统（简称飞控系统）、数据链系统、发射回收系统、电源系统等，其中机体主要由基架、连接件、动力装置、传动机构等硬件部分组成。

本任务主要是在熟悉无人机相关知识后，学习对无人机的三维模型进行仿真装配和运动仿真测试。

任务 3.2.1　无人机零部件制作

【任务目标】

1）了解无人机主要部件的作用及工作原理。

2）能够根据零件特征判断其作用及名称。

3）了解零部件间的配合方式和连接关系。

4）能够完成无人机基架数字模型创建并完成实物打印。

【任务描述】

本任务的内容与要求包括以下几点：

1）具有三维软件操作基础，能够熟练操作 NX 软件完成无人机任务中各部件的三维建模。

2）具有软件装配操作基础，利用软件装配功能验证无人机各部件间的装配以及干涉情况。

3）熟练制作仿真动画，能够完成无人机爆炸图的制作以及模拟运动仿真等操作任务。

无人机如图 3-2-1 所示，其组成部分包括基架、螺旋桨、电动机、主板、控制器、电池等。

（1）基架　基架是无人机的主体框架，如图 3-2-2 所示。它决定了无人机的体积大小和功能。基架为无人机各零部件提供了确定的相对位置，便于各零部件的安装和连接。

（2）螺旋桨　螺旋桨是无人机的标志性零件，如图 3-2-3 所示。它由特定参数的曲边特征组成，工作状态是绕自身轴线旋转。在工作过程中，螺旋桨为无人机提供升力，用于实现无人机的平稳起飞和降落。

图 3-2-1　无人机

图 3-2-2　基架

图 3-2-3　螺旋桨

（3）电动机　电动机是无人机的动力元件，如图 3-2-4 所示。它的动作受主板信号控制。电动机转速的高低，决定着无人机升力的大小。普通无人机的电动机都是在标准型号中选择的，有特殊动力要求的无人机可以根据需要设计定制专用的电动机。

（4）主板　主板如图 3-2-5 所示，它是承载电子元器件的电路板。主板上多种功能的元器件通过相关电气连接，构成设备所需功能的核心模块或控制中心。类似无人机基架，主板有着承载实现无人机控制的各种功能构件的作用。

（5）遥控器　遥控器如图 3-2-6 所示，可以实现对无人机的遥控指挥功能，控制无人机实现向前、后、左、右、上、下 6 个方向飞行和加油门、减油门、调转机头方向等功能。在飞控系统的控制下，无人机接收器接收遥控器信号并进行解码，分离出动作信号传输给伺服系统，伺服系统则根据信号做出相应的动作。

图 3-2-4　电动机

图 3-2-5　主板

图 3-2-6　遥控器

【任务实施】

无人机基架设计案例如图 3-2-7 所示。

在完成上述无人机基架造型设计的基础上，利用 3D 打印技术完成基架实物的打印制作。

1. 绘制基架底板草图

（1）确定草图平面 选择"草图创建"命令，选择 XC-YC 平面作为草图绘制平面，草图尺寸如图 3-2-8 所示。首先绘制矩形框架主体，以原点为中心，绘制 80mm×35mm 的矩形，如图 3-2-9 所示。

图 3-2-7 无人机基架设计案例

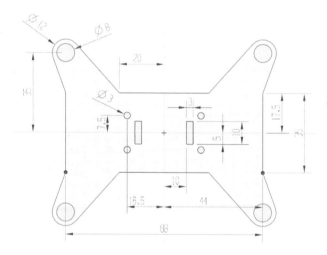

图 3-2-8 基架底板截面图形

（2）绘制电动机安装孔以及连接臂 选择"草图绘制"→"圆"命令，在工作区中绘制直径为 8mm 和 12mm 的圆，如图 3-2-10 所示。选择"草图绘制"→"直线"命令，直线终点与直径为 12mm 的圆相切，终点如图 3-2-11 所示。

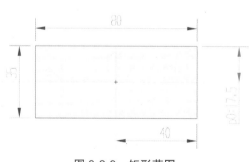

图 3-2-9 矩形草图

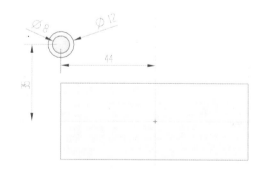

图 3-2-10 电动机安装孔

（3）绘制连接臂 分两次选择"草图绘制"→"镜像"命令，要镜像的曲线为直径为 8mm 和 12mm 的圆以及连接臂的两条直线，镜像轴分别为 Y 轴和 X 轴，如图 3-2-12 所示。

（4）修剪底板草图 选择"草图绘制"→"修剪"命令，将多余曲线修剪删除，如图 3-2-13 所示。

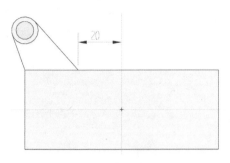

图 3-2-11　连接臂

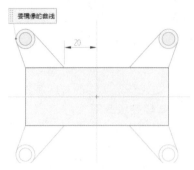

图 3-2-12　镜像效果

（5）绘制安装孔　选择"草图绘制"→"圆"命令，在工作区中绘制直径为 3mm 的圆，如图 3-2-14 所示。选择"草图绘制"→"矩形"命令，在工作区中绘制 3mm×8mm 的矩形，如图 3-2-15 所示。选择"草图绘制"→"镜像"命令，将主板安装孔以 Y 轴和 X 轴为镜像轴进行镜像，电池固定孔以 Y 轴为镜像轴进行镜像，如图 3-2-16 所示。

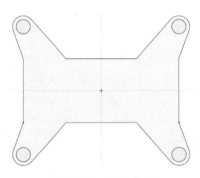

图 3-2-13　修剪曲线

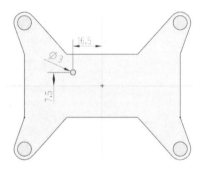

图 3-2-14　主板安装孔

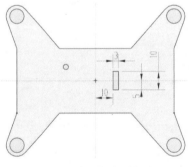

图 3-2-15　电池固定孔

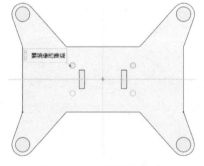

图 3-2-16　镜像安装孔

2. 拉伸基架底板

选择"完成"，退出草图绘制。选择"建模"→"拉伸"命令，拉伸距离为 3mm，拉伸方向为 Z 轴正方向，如图 3-2-17 所示。

3. 绘制电动机座

绘制电动机座孔截面草图：选择"草图创建"命令，选择 XC-YC 平面作为草图绘制平面，选择"草图绘制"→"圆"命令，绘制直径为 8mm 和 12mm 的同心圆，如图 3-2-18 所示。

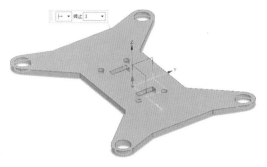

图 3-2-17　拉伸基架底板

图 3-2-18　绘制同心圆

4. 拉伸电动机支座

（1）拉伸座筒　选择"完成"，退出草图绘制。选择"建模"→"拉伸"命令，拉伸距离为23mm，拉伸方向为 Z 轴正方向，布尔运算求和，如图 3-2-19 所示。

（2）拉伸限位阶台　选择"完成"，退出草图绘制。选择"建模"→"拉伸"命令，拉伸开始距离为 15mm，结束距离为 18mm，对称偏置 1mm，布尔运算求和，拉伸方向为 Z 轴正方向，如图 3-2-20 所示。

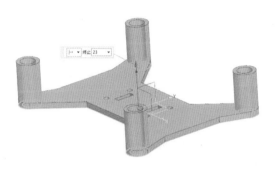

图 3-2-19　拉伸座筒

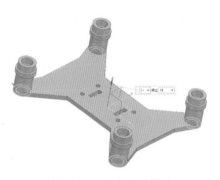

图 3-2-20　拉伸限位阶台

5. 创建工艺槽及倒圆角

（1）绘制空间直线　选择"曲线"→"直线"命令，在工作区中捕捉对角两圆心绘制直线，并调整直线长度，如图 3-2-21 所示。

（2）拉伸工具体　选择"建模"→"拉伸"命令，拉伸开始距离为 0，结束距离为 30mm，对称偏置 1mm，拉伸方向为 Z 轴正方向，如图 3-2-22 所示。

图 3-2-21　绘制空间直线

图 3-2-22　拉伸工具体

（3）创建工艺槽　选择"建模"→"镜像"命令，镜像特征为工具体，依次选择 YZ、XZ 平面为镜像平面。选择"建模"→"减去"命令，选择基架，工具选择工具体，如图 3-2-23 所示。

（4）倒圆角　选择"建模"→"倒角"命令，选择基架底部边线，工具选择工具体，如图 3-2-24 所示。

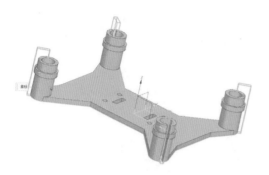

图 3-2-23　创建工艺槽

图 3-2-24　倒圆角

任务 3.2.2　无人机装配

无人机由若干硬件部分组成，各硬件可靠固定在基架上且具有确定的相对位置。通过软件模拟无人机的装配过程，可以直观了解各零部件的位置以及连接关系，既可以提升软件操作的熟练程度，也可以更加直观地了解无人机的结构原理。

【任务目标】

1）了解无人机各零部件的相对位置。
2）能够根据零件特征判断装配关系。
3）了解软件装配模块的指令的含义。
4）能够利用装配功能完成无人机的装配操作。

【任务描述】

1）观察无人机各零部件的结构特征，思考各零部件的作用及相对位置关系。
2）利用所学的 NX 装配模块的功能，完成无人机的装配操作。无人机装配效果图如图 3-2-25 所示。
3）在完成上述装配的基础上，进一步思考无人机项目的创新优化设计方案。

图 3-2-25　无人机装配效果图

【任务实施】

无人机配件导入及装配约束步骤如下：

（1）导入基架配件 选择"装配"→"添加组件"命令，部件选择基架，锚点为绝对坐标系，装配位置选择工作坐标系，如图 3-2-26 所示。

（2）装配主板连接螺柱 选择"装配"→"添加组件"命令，部件选择主板连接螺柱，放置类型选择约束，约束类型选择接触对齐，螺柱轴线与固定孔重合，螺柱底面与基架上表面接触，如图 3-2-27 所示。

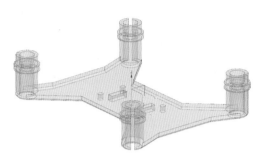

图 3-2-26 导入基架配件

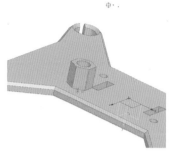

图 3-2-27 装配主板连接螺柱

（3）装配电动机 选择"装配"→"添加组件"命令，部件选择电动机，循环定向选择反转锚点，放置类型选择约束，约束类型选择接触对齐，电动机轴线与固定孔重合，电动机底面与限位阶台上表面接触，如图 3-2-28 所示。

（4）装配螺旋桨 选择"装配"→"添加组件"命令，部件选择螺旋桨，循环定向选择反转锚点，放置类型选择约束，约束类型选择接触对齐，螺旋桨轴线与电动机轴线重合，螺旋桨底面与电动机阶台上表面距离为 1mm，如图 3-2-29 所示。

图 3-2-28 装配电动机

图 3-2-29 装配螺旋桨

（5）装配主板 选择"装配"→"添加组件"命令，部件选择主板，循环定向选择反转锚点，放置类型选择约束，约束类型选择接触对齐，主板连接孔与连接螺柱孔重合，主板底面与连接螺柱上表面接触，如图 3-2-30 所示。

（6）装配电池 选择"装配"→"添加组件"命令，部件选择电池，放置类型选择约束，约束类型选择接触对齐，电池底面与基架侧壁对齐，电池侧面与基架底面接触，如图 3-2-31 所示。

（7）装配组件镜像 选择"装配"→"镜像组件"命令，镜像组件选择电动机、螺旋桨、连接螺柱，镜像平面选择 YZ 平面，完成操作，如图 3-2-32 所示。重复镜像操作，镜像平面选择 XZ 平面。

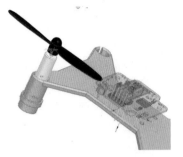

图 3-2-30　装配主板

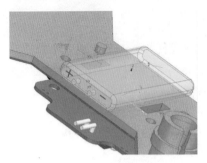

图 3-2-31　装配电池

图 3-2-32　装配组件镜像

任务 3.2.3　无人机装配检查

【任务目标】

1）了解检查无人机各零部件位置是否干涉的流程。

2）能够清楚知道间隙浏览器中各图标的含义。

3）当出现干涉时知道属于哪种干涉。

【任务描述】

1）观察无人机各零部件的结构特征，检查各零部件的位置关系是否正确。

2）利用所学的 NX 装配模块的功能，对无人机的装配进行检查。

3）在完成上述装配检查的过程中，学会认识组件间的干涉情况。

【任务实施】

（1）打开无人机装配文件　在 NX 首页选择"打开"命令，文件选择无人机装配文件。

（2）新建间隙集　选择"装配"→"新建集"→"确定"命令。

（3）查看间隙浏览器　选择"间隙浏览器"→"干涉"命令，装配中所有的干涉都会在间隙浏览器中显示，如图 3-2-33 所示。

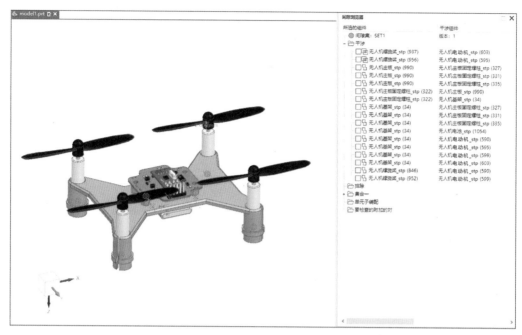

图 3-2-33　查看间隙浏览器

（4）认识干涉图标　打开间隙浏览器后，常见的干涉图标有接触干涉和软干涉两种，如图 3-2-34 所示。图 3-2-34a 所示为接触干涉图标，表示对象之间有接触，但不相交。图 3-2-34b 所示为软干涉图标，表示对象之间的最小距离小于或等于安全距离。

a）接触干涉图标

b）软干涉图标

图 3-2-34　干涉图标

任务 3.2.4　无人机爆炸图与运动仿真

【任务目标】

1）了解无人机装配爆炸图的制作流程。

2）能够清楚知道爆炸命令中各功能的含义与作用。

3）了解无人机运动仿真的制作流程。

4）能够清楚知道运动仿真模块中各功能的含义与作用。

【任务描述】

1）观察无人机各零部件的结构特征，完成无人机装配爆炸图。

2）观察无人机各零部件的结构特征，完成无人机运动仿真。

【任务实施】

1. 无人机爆炸图

（1）打开无人机装配文件　在 NX 首页选择"打开"命令，文件选择无人机装配文件。

（2）新建爆炸图　选择"装配"→"爆炸"→"新建"命令，新建无人机爆炸图，如图 3-2-35 所示。

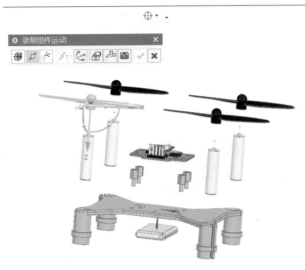

图 3-2-35　打开爆炸选项

（3）对螺旋桨进行爆炸　选择"选择对象"命令，首先选中螺旋桨，然后选择"移动对象"命令，移动手柄将 4 个螺旋桨移动至合适的位置。

（4）对电动机进行爆炸　选择"选择对象"命令，首先选中电动机，然后选择"移动对象"命令，移动手柄将 4 个电动机移动至合适的位置。

（5）对主板进行爆炸　选择"选择对象"命令，首先选中主板，然后选择"移动对象"命令，移动手柄将主板移动至合适的位置。

（6）对电池进行爆炸　选择"选择对象"命令，首先选中电池，然后选择"移动对象"命令，移动手柄将电池移动至合适的位置。

（7）对主板连接螺柱进行爆炸　选择"选择对象"命令，首先选中 4 个主板连接螺柱，然后选择"移动对象"命令，移动手柄将 4 个主板连接螺柱移动至合适的位置。

（8）退出爆炸编辑模式　选择"确定"→"退出"命令，即完成了无人机爆炸图，如图 3-2-36 所示。

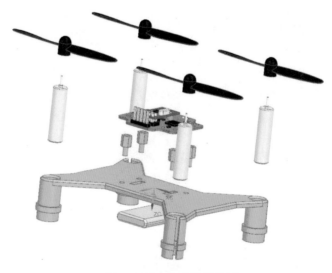

图 3-2-36　无人机爆炸图

2. 无人机运动仿真

无人机装配与仿真动画，可扫描右侧的二维码观看。

仿真动画制作说明如下：

（1）打开无人机装配文件　在 NX 首页选择"打开"命令，文件选择无人机装配文件。

无人机装配与仿真动画

（2）进入运动仿真模块　选择"应用模块"→"运动"命令，进入运动仿真模块。

（3）新建运动体　选择"运动体"命令，首先选中一个螺旋桨，然后单击"确定"命令，创建一个运动体后，重复上述操作，将 4 个螺旋桨全部设置为运动体。选中无人机其余部分，勾选"不使用运动副而固定运动体"，单击"确定"，如图 3-2-37 所示。

图 3-2-37　新建运动体

（4）新建运动副　选择"运动副"命令，首先选中一个螺旋桨创建旋转副，"矢量"选择电动机圆柱轴中心，"驱动"使用多项式，并设置合适的"初位移"与"速度"，单击"确定"。重复上述操作，将 4 个螺旋桨全部设置为运动副，如图 3-2-38 所示。

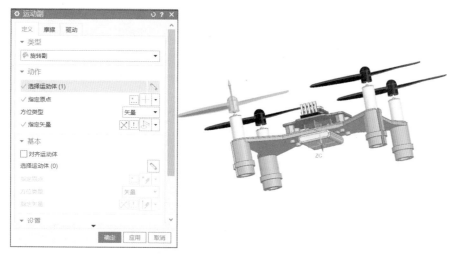

图 3-2-38　新建运动副

（5）解算方案　选择"解算方案"命令，设置合适的"解算结束时间"，单击"确定"，如图 3-2-39 所示。

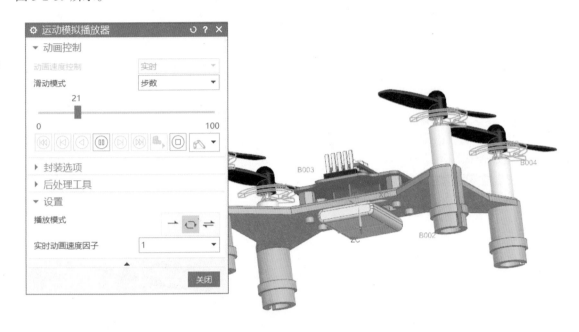

图 3-2-39　解算方案

（6）求解并查看仿真运动结果　选择"求解"命令，设置合适的"解算结束时间"，单击"确定"。单击"结果"→"播放"即可查看仿真运动结果。

【任务拓展】

1. 场景描述

某企业根据实际生产需要，要对现有无人机结构及功能进行优化，在现有无人机设计与制作设备基础上，添加优化一款具有折叠收纳、快速拆装、远程遥控、可兼容不同规格的无人机扩展附件等功能，针对多种不同场合应用主题的多功能无人机设备。该设备需要满足以下几点要求：

1）设计一套简单实用、动作合理、安全可靠的无人机安装固定结构，绘制结构原理简图。

2）设计一套砂带机，使其能够实现折叠收纳、快速拆装等附加功能，以便无人机能够根据应用场景的不同方便快速地更换扩展附件。

3）具有良好的性价比，在满足功能要求的前提下，尽量降低成本。

4）尽量做到美观实用，结构简单，容易安装、维护。

5）达到要求的传动效果，保证良好的传动效率。

6）要求该系统具有良好的适应性和扩展性，以满足其他场所和环境的需要。

2. 相关要求

请设计绘制机构的原理草图及其控制系统原理框图，并对机构的基本工作原理和控制原理做简要说明。尽可能详细地拟订能实现该机构具体要求的工作计划、设计制作方案、生产流程等，并做必要的成本分析。

假如还有其他问题，需要与委托方或者其他用户或专业人员讨论的话，请写下来，并全面详细地陈述你的建议方案和理由。

3. 劳动工具与辅助工具

为了完成项目，允许使用学校常用的所有工具，如手册、专业书籍、游标卡尺、装有 CAD/CAM 等应用软件的计算机、笔记、计算器等。

4. 解决方案评价内容参考

（1）直观性 / 展示性

1）是否给出并详细讲解了装配示意图和其他示意图。

2）是否编写出一份一目了然的所用材料及部件的清单（如表格）。

3）图形、表格、用词等是否符合专业规范。

（2）功能性

1）从技术角度看，装配解决方案是否合理有效。

2）所设计的工作 / 装配流程是否合理。

3）所列的解释和描述在专业上是否正确。

4）是否能识别出各种解决方案的优缺点。

（3）使用价值导向

1）解释和草图是否外行人也能看得懂。

2）所设计的方案是否易于实施。

3）是否提出了超出客户期望的合理建议。

4）是否交给用户一份说明书，使其了解当使用过程中出现问题时如何应对。

（4）经济性

1）是否考虑到各种解决方案的费用和劳动投入量。

2）施工方案是否具有经济性。

3）在提出的多种方案中选择这种方案的理由是什么。

4）是否考虑了节能环保问题。

（5）工作过程导向

1）在解决方案中是否考虑到了客户的要求。

2）在确定施工工艺时，是否考虑了后期的维护与保养。

3）计划中是否考虑到如何向客户移交。

4）是否有一个包括时间进度、人员安排的工作计划。

（6）社会接受度

1）是否考虑到安全施工、事故防范的内容。

2）方案中是否有人性化设计，如工作环境、场地设施是否关注员工的身体健康和考虑操作的方便性。

（7）环保性

1）是否考虑了废物（包括原装置未损坏部分）的再利用。

2）是否考虑了施工所产生废料的妥善处理办法。

（8）创造性

1）方案（包括备选方案）是否回应了客户提出的问题，例如人员身份、位置信息、共享安全等。

2）是否想到过创新的解决方案。

【任务评价】

任务评价表见表 3-2-1。

表 3-2-1　任务评价表

测试任务			无人机装配与仿真				
能力模块			编码	姓名	日期		
一级能力	二级能力	序号	评分项说明	完全不符	基本不符	基本符合	完全符合
功能性能力	直观性/展示性	1	对委托方来说，解决方案的表述是否容易理解				
		2	对专业人员来说，是否恰当地描述了解决方案				
		3	是否直观形象地说明任务的解决方案，如用图表或图画				
		4	解决方案的层次结构是否分明，描述解决方案的条理是否清晰				
		5	解决方案是否与专业规范或技术标准相符合（从理论、实践、制图、数学和语言方面考虑）				
	功能性	6	解决方案是否满足功能性要求				
		7	是否达到"技术先进水平"				
		8	解决方案是否可以实施				
		9	是否（从职业活动的角度）说明了各种设计的理由				
		10	表述的解决方案是否正确				
过程性能力	使用价值导向	11	解决方案是否提供了方便的保养和维修				
		12	解决方案是否考虑了功能扩展的可能性				
		13	解决方案是否考虑了如何避免干扰并且说明了理由				
		14	对于使用者来说，解决方案是否方便、易于使用				
		15	对于委托方来说，解决方案（如设备）是否具有使用价值				
	经济性	16	实施解决方案的成本是否较低				
		17	时间与人员配置是否满足实施方案的要求				
		18	是否考虑了企业投入与收益之间的关系并说明理由				
		19	是否考虑了后续成本并说明理由				
		20	是否考虑了实施方案的过程（工作过程）的效率				
	工作过程导向	21	解决方案是否适合企业的生产流程和组织架构（包括自己和客户）				
		22	解决方案是否以工作过程为基础（而不仅是书本知识）				
		23	是否考虑了上游和下游的生产流程并说明理由				
		24	解决方案是否反映出与职业典型的工作过程相关的能力				
		25	解决方案中是否考虑了超出本职业工作范围的内容				
设计能力	社会接受度	26	解决方案在多大程度上考虑了人性化的工作设计和组织设计方面的可能				
		27	是否考虑了健康保护方面的内容并说明理由				
		28	是否考虑了人机工程方面的要求并说明理由				
		29	是否注意到工作安全和事故防范方面的规定与准则				
		30	解决方案在多大程度上考虑了对社会造成的影响				

（续）

测试任务			无人机装配与仿真				
能力模块			编码	姓名		日期	
一级能力	二级能力	序号	评分项说明	完全不符	基本不符	基本符合	完全符合
设计能力	环保性	31	是否考虑了环境保护方面的相关规定并说明理由				
		32	解决方案中是否考虑了所用材料是否符合环境可持续发展的要求				
		33	解决方案在多大程度上考虑了环境友好的工作设计				
		34	是否考虑了废物的回收和再利用并说明理由				
		35	是否考虑了节能和能量效率的控制				
	创造性	36	解决方案是否包含特别的和有意思的想法				
		37	是否形成了一个既有新意同时又有意义的解决方案				
		38	解决方案是否具有创新性				
		39	解决方案是否显示出对问题的敏感性				
		40	解决方案中，是否充分利用了任务所提供的设计（创新）空间				
小计							
合计							

任务 3.3　齿轮泵装配与仿真

【思维导图】

齿轮泵是依靠泵缸与啮合齿轮间所形成的工作容积的变化和移动来输送液体或使之增压的回转泵

由两个齿轮、泵体与前后盖组成两个封闭空间，当齿轮转动时，齿轮脱开侧的空间体积从小变大，形成真空，将液体吸入，齿轮啮合侧的空间体积从大变小，将液体挤入管路中去。吸入腔与排出腔是靠两个齿轮的啮合线来隔开的。齿轮泵排出口的压力完全取决于泵出口处阻力的大小

任务 3.3　齿轮泵装配与仿真

- 任务 3.3.1　齿轮泵装配
- 任务 3.3.2　齿轮泵装配体爆炸视图创建
- 任务 3.3.3　运动算例应用
- 任务拓展
- 任务评价

齿轮，这一悄声转动、无处不在的工业关键基础零部件，决定着汽车自动变速器、工业机器人旋转矢量（Rotate Vector，RV）减速器等高端设备的性能。

齿轮是机械传动的关键核心零部件，被广泛应用于汽车、工程机械等装备的传动系统中。齿轮泵主要有公法线齿轮泵和圆弧齿轮泵。输送含杂质的介质时公法线齿轮泵比圆弧齿轮泵要耐用。圆弧齿轮泵结构特殊，适合输送干净的介质，噪声低，寿命长。

本任务在熟悉齿轮泵相关知识后，学习对齿轮泵的三维模型进行仿真装配和运动仿真测试。

任务 3.3.1　齿轮泵装配

【知识导入】

1. 配合

这里的配合是指零部件之间的配合关系，分为标准配合、高级配合、机械配合。配合是装配的基础，通过配合来指定零部件在装配体中的相对位置，其装配顺序参照机构或机器的实际装配过程，但一般情况下不涉及装配精度。

标准配合常用的是角度、重合、同心、距离、锁定、平行、垂直和相切配合。高级配合常用的是限制、线性或线性耦合、路径、对称和宽度配合。机械配合则包括凸轮推杆、齿轮、铰链（俗称合页）、齿条和小齿轮、螺钉和万向节配合等。

机械配合是零部件之间有运动关系时的配合，常用的机械配合如图 3-3-1 所示。在创建装配体文件时，往往需要选择不同零件上的两处部位（或者基准要素），给它们添加适当的配合关系。当添加的配合关系不是想要的方向时，可以通过单击"配合对齐"中的"反向对齐"对其进行反向更改，如图 3-3-2 所示。

图 3-3-1　常用的机械配合

图 3-3-2　配合对齐

2. 装配体环境中零件的移动和旋转

插入的零件可以是固定的，也可以是浮动的。对于浮动的零件，可以通过鼠标对其进行拖动或者旋转，以使它处在一个合适的方向和位置，便于选择零件上的配合部位。通过选择"编辑零部件"→"移动零部件"→"旋转零部件"，然后配合鼠标进行移动或者旋转零部件操作，如图 3-3-3 所示。

3. 干涉

干涉是指本应保持适当间距的零件有部分重叠（接触）或阻挡，造成无法正常安装或活动。零部件装配好后一般都要进行不同运动状态下的干涉检查，用于找出零部件设计或配合部位的错误。可通过"评估"→"干涉检查"命令进行零部件之间的干涉检查。检查时可以排除一些设计要求或者已经确定的零部件，大部分情况下不要勾选"视重合为干涉"。"干涉检查"命令的选项及结果如图 3-3-4 所示。

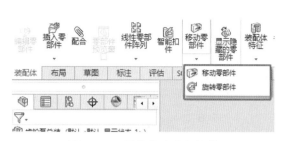

图 3-3-3　零件的移动和旋转

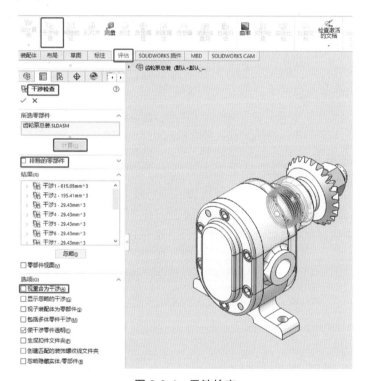

图 3-3-4　干涉检查

【任务目标】

1）掌握零部件的基本操作，如插入、复制、删除、移动和旋转等。

2）掌握利用装配约束关系实现零件装配的方法，熟悉常用的配合种类。

3）掌握在装配体中进行干涉检查的方法。

【任务描述】

利用 SolidWorks 软件的装配功能，建立齿轮泵的装配模型，如图 3-3-5 所示。

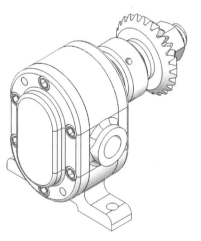

图 3-3-5　齿轮泵总装图

【任务实施】

齿轮泵由齿轮泵基座、前盖、后盖、支撑轴子装配体、传动轴子装配体、圆锥齿轮以及若干标准件组成，是机械设计中常见的传动机构。完成齿轮泵装配任务的思路是先建立子装配体再完成总装配体，在标准件插入后再进行零部件的插入，必要时可进行零部件阵列以简化操作步骤。

1. 创建支撑轴子装配体

（1）新建装配体文件　启动 SolidWorks，新建文档，选择"装配体"，单击"确定"按钮，创建一个新的装配体文件。

（2）插入支撑轴　单击"开始装配体"→"浏览"按钮，选择"支撑轴"零件并打开，单击将其放在装配界面中，且使其处于固定状态，如图 3-3-6 所示。注意：单击插入零件后，按三次回车键，零件的三个基准面与装配体环境中的三个基准面自动重合对齐，其状态为"固定"。

（3）插入直齿轮 1　单击工具栏中的"插入零部件"按钮，再单击"浏览"按钮选择"直齿轮 1"并打开，单击将其放在装配界面中，除了第一个插入的零部件，其他零部件再插入时一般都是浮动状态，可以通过旋转零部件的 X 轴、Y 轴、Z 轴来改变零部件插入时的方向，如图 3-3-7 所示。

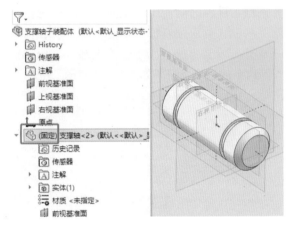

图 3-3-6　插入支撑轴且使其处于固定状态

（4）添加配合关系　单击工具栏中的"配合"按钮，选择直齿轮的内孔面和传动轴的圆柱面，选择"标准配合"→"同轴心"，单击"确定"按钮，如图 3-3-8 所示。选择直齿轮 1 的端面和支撑轴轴肩面，选择"标准配合"→"重合"，单击"确定"按钮，如图 3-3-9 所示。完成效果图如图 3-3-10 所示。

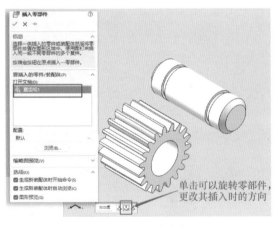

图 3-3-7　插入直齿轮 1

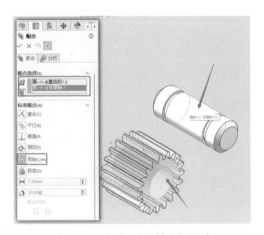

图 3-3-8　添加"同轴心"配合

（5）保存子装配体文件　文件名保存为"支撑轴子装配体"。

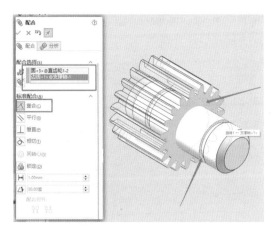

图 3-3-9　配合面选择

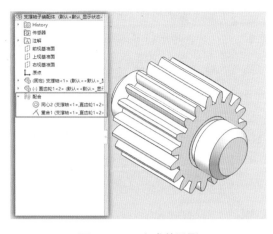

图 3-3-10　完成效果图

2. 创建传动轴子装配体

（1）新建装配体文件　新建文档，选择"装配体"，单击"确定"按钮，创建一个新的装配体文件。

（2）插入传动轴　在"开始装配体"中单击"浏览"按钮，选择"传动轴"并打开，单击将其放在装配界面中，且使其处于固定状态，如图 3-3-11 所示。

（3）插入键 1　单击工具栏中的"插入零部件"按钮，再单击"浏览"按钮选择"键 1"并打开，单击将其放在装配界面中，如图 3-3-12 所示。

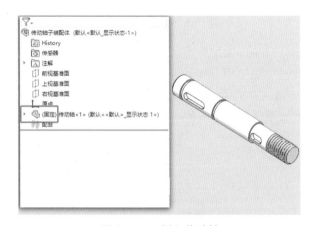

图 3-3-11　插入传动轴

（4）添加配合关系　单击工具栏中的"配合"按钮，选择键 1 的底面和键槽的底面，选择"标准配合"→"重合"，单击"确定"按钮；选择键 1 的圆弧面和键槽的圆弧面，选择"标准配合"→"同轴心"，单击"确定"按钮；选择键 1 的侧面和键槽的侧面，选择"标准配合"→"重合"，单击"确定"按钮。配合关系如图 3-3-13 所示。完成效果图如图 3-3-14 所示。

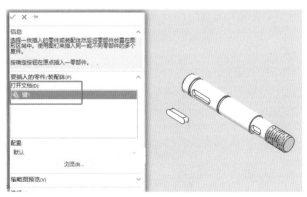

图 3-3-12　插入键 1

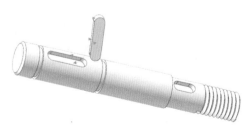

图 3-3-13　配合关系

（5）插入直齿轮 2　单击工具栏中的"插入零部件"按钮，再单击"浏览"按钮选择"直齿轮 2"并打开，单击将其放在装配界面中，如图 3-3-15 所示。

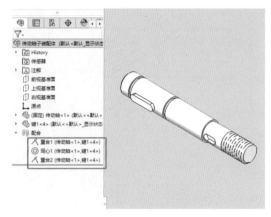

图 3-3-14　完成效果图

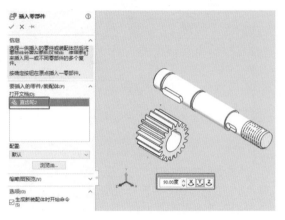

图 3-3-15　插入直齿轮 2

（6）添加配合关系　单击工具栏中的"配合"按钮，选择直齿轮 2 和传动轴的配合关系：直齿轮 2 的端面和传动轴的轴肩面选择"重合"配合，传动轴的圆柱面和直齿轮 2 的内孔面选择"同轴心"配合，键 1 的侧面和直齿轮 2 键槽的侧面选择"重合"配合。单击"确定"按钮，配合关系如图 3-3-16 所示。完成效果图如图 3-3-17 所示。

图 3-3-16　配合关系

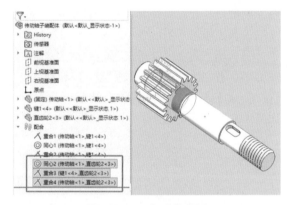

图 3-3-17　完成效果图

（7）插入键 2　同插入键 1 的步骤。单击工具栏中的"插入零部件"按钮，再单击"浏览"按钮选择"键 2"并打开，单击将其放在装配界面中，依次添加"重合""同轴心""重合"三个配合，如图 3-3-18 所示。完成效果图如图 3-3-19 所示。

（8）保存子装配体文件　文件名保存为"传动轴子装配体"。

3. 齿轮泵总体装配

（1）新建装配体文件　启动 SolidWorks，新建文档，选择"装配体"，单击"确定"按钮，创建一个新的装配体文件。

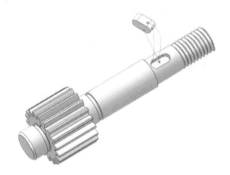

图 3-3-18　插入键 2 并添加配合

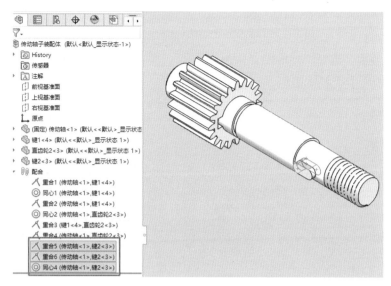

图 3-3-19　完成效果图

（2）插入齿轮泵基座　在"开始装配体"中单击"浏览"按钮，选择"齿轮泵基座"零件并打开，进入装配界面后先不要单击，先选择"视图"→"显示和隐藏"→"原点"命令，或者通过打开原点的显示按钮在工作区域中显示出坐标原点，将光标移动到原点位置并与原点重合后再单击放置齿轮泵基座，如图 3-3-20 所示。这样操作和插入零件时按三次回车键的作用是一样的，都是为了让装配体环境里的第一个零件固定，并与装配体环境的基准对齐。完成效果图如图 3-3-21 所示。

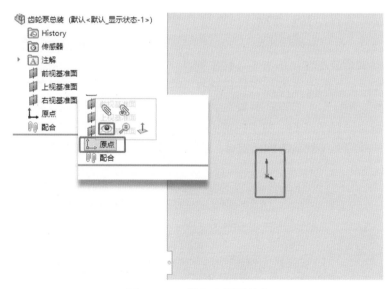

图 3-3-20　插入齿轮泵基座

（3）插入后盖　单击工具栏中的"插入零部件"按钮，再单击"浏览"按钮选择"后盖"并打开，单击将其放在装配界面中。也可以在资源管理器中找到该文件，直接用鼠标将其拖到装配体环境中。

（4）添加配合关系　单击工具栏中的"配合"按钮，选择后盖的一内孔面和齿轮泵基座的一内圆弧面，选择"标准配合"→"同轴心"，单击"确定"按钮；选择后盖的另一内孔面和齿轮泵基座的另一内圆弧面，选择"标准配合"→"同轴心"，单击"确定"按钮；选择后盖的端面和齿轮泵基座的端面，选择"标准配合"→"重合"，单击"确定"按钮。配合关系如图 3-3-22 所示。完成效果图如图 3-3-23 所示。

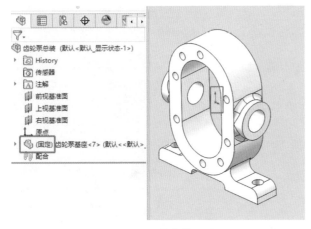

图 3-3-21　完成效果图

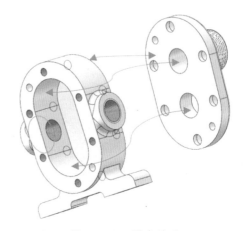

图 3-3-22　配合关系

（5）快捷键配合　进行配合时还可以采用另外一种操作方式。按住键盘上的〈Ctrl〉键，依次选择两个零件要配合的部位，松开〈Ctrl〉键即可弹出快捷配合栏（见图 3-3-24），选择要配合的命令，然后单击"确定"按钮。这种操作方式下，SolidWorks 系统会自动判断要配合的类型，并有反转方向的选择，可提高设计效率。

（6）插入传动轴子装配体　单击工具栏中的"插入零部件"按钮，再单击"浏览"按钮选择"传动轴子装配体"并打开，单击将其放在装配界面中，添加"重合"和"同心"两个标准配合

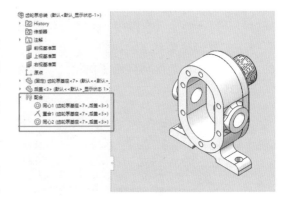

图 3-3-23　完成效果图

关系，使直齿轮的外端面与后盖内侧面重合，后盖上部圆孔与传动轴外圆柱面同心，如图 3-3-25 所示。

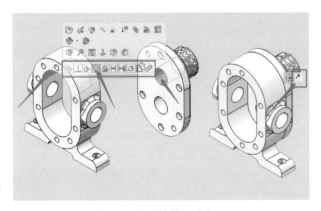

图 3-3-24　快捷配合栏

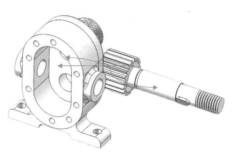

图 3-3-25　插入传动轴子装配体并进行配合

（7）插入支撑轴子装配体 单点击工具栏中的"插入零部件"按钮，再单击"浏览"按钮选择"支撑轴子装配体"并打开，单击将其放在装配界面中，同样添加"重合"和"同心"两个标准配合关系，如图 3-3-26 所示。

（8）配合 选择两个直齿轮一对啮合齿的齿面，添加相切配合，单击"确定"按钮，再右键单击这个配合进行压缩。单击机械配合，选择"齿轮"，选择两直齿轮齿顶圆曲线，单击"确定"按钮。添加配合后的效果图如图 3-3-27、图 3-3-28 和图 3-3-29 所示。

添加相切配合的目的是保证齿轮传动时齿面的啮合接触，并且不产生干涉，以便更好地进行仿真。

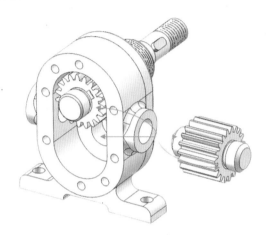

图 3-3-26 插入支撑轴子装配体并进行配合

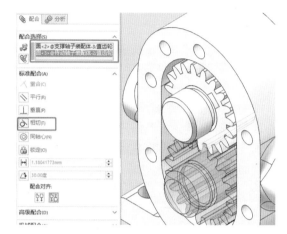

图 3-3-27 相切配合

压缩相切配合的目的是为了下一步添加齿轮配合。不压缩相切配合，两个齿轮是不能有效转动的。

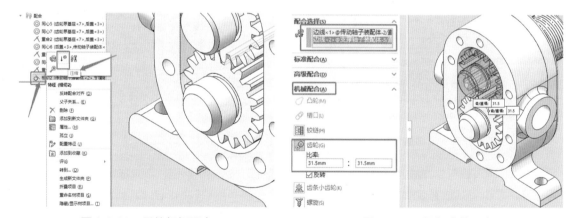

图 3-3-28 压缩相切配合

图 3-3-29 添加齿轮配合

由于本例中两个齿轮参数一致，分度圆大小是一样的，其传动比为 1:1，所以进行齿轮配合时要分别选择两个齿轮上的外圆进行配合。

（9）插入前盖 单击工具栏中的"插入零部件"按钮，再单击"浏览"按钮选择"前盖"并打开，单击将其放在装配界面中，并添加配合关系，使前盖的两个内孔面分别和支撑轴、传动轴的圆柱面同轴心配合，前盖的端面和齿轮泵基座的端面重合配合，如图 3-3-30 所示。

（10）插入压紧螺母 单击工具栏中的"插入零部件"按钮，再单击"浏览"按钮选择"压紧螺母"并打开，单击将其放在装配界面中，选择压紧螺母的内孔面和传动轴的圆柱面进行同轴心配合，选择后盖突出部分的端面和压紧螺母的内端面进行重合配合，如图 3-3-31 所示。

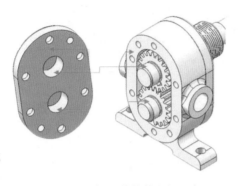
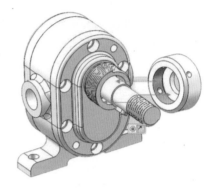

图 3-3-30　插入前盖并进行配合　　　　　图 3-3-31　插入压紧螺母并进行配合

（11）插入圆锥齿轮　单击工具栏中的"插入零部件"按钮，再单击"浏览"按钮选择"圆锥齿轮"并打开，单击将其放在装配界面中，选择圆锥齿轮的内孔面和传动轴的圆柱面进行同轴心配合，选择圆锥齿轮的后端面和传动轴台阶的端面进行重合配合，选择圆锥齿轮键槽侧面与键的侧面进行重合配合，如图 3-3-32 所示。

（12）插入垫片　单击工具栏中的"插入零部件"按钮，再单击"浏览"按钮选择"垫片"并打开，单击将其放在装配界面中，选择垫片的内孔面和传动轴的圆柱面进行同轴心配合，选择垫片端面和圆锥齿轮的前端面进行重合配合，如图 3-3-33 所示。

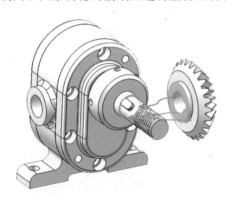
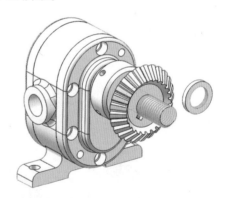

图 3-3-32　插入圆锥齿轮并进行配合　　　　　图 3-3-33　插入垫片并进行配合

（13）插入螺母　单击工具栏中的"插入零部件"按钮，再单击"浏览"按钮选择"螺母"并打开，单击将其放在装配界面中，选择螺母的内孔面和传动轴的圆柱面进行同轴心配合，选择螺母端面和垫片的端面进行重合配合，如图 3-3-34 所示。

（14）插入螺钉　单击工具栏中的"插入零部件"按钮，再单击"浏览"按钮选择"螺钉"并打开，单击将其放在装配界面中，选择螺钉的圆柱面和后盖台阶孔的内孔进行同轴心配合，选择螺钉端面和后盖台阶孔端面进行重合配合，如图 3-3-35 所示。

（15）阵列及镜像　重复上述步骤插入其余后盖和前盖上的其余 11 颗螺钉。也可以通过"圆周零部件阵列"和"镜像零部件"进行其他螺钉的添加，其操作如图 3-3-36 和图 3-3-37 所示。

"圆周零部件阵列"和"镜像零部件"功能按钮位于装配体工具栏"线性零部件阵列"栏目下。

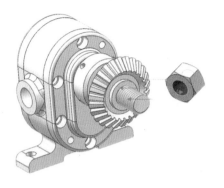

图 3-3-34　插入螺母并进行配合

图 3-3-35　插入螺钉并进行配合

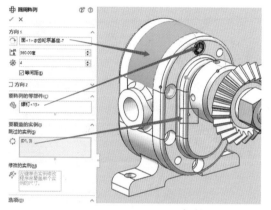

图 3-3-36　圆周零部件阵列

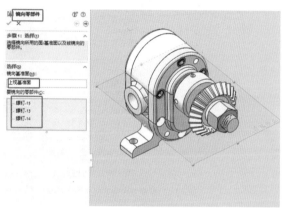

图 3-3-37　镜像零部件

完成效果图如图 3-3-38 所示。

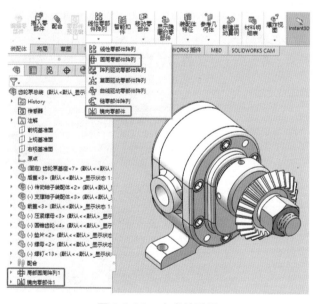

图 3-3-38　完成效果图

注：SolidWorks 软件中"镜像"全都错写成了"镜向"，因书中皆使用的软件截图，
为与软件实际一致，故不做修改，特此说明。

（16）插入销 单击工具栏中的"插入零部件"按钮，再单击"浏览"按钮选择"销"并打开，单击将其放在装配界面中，选择销钉的圆柱面和后盖销孔的内孔进行同轴心配合，选择销钉的一个端面和后盖的外端面进行重合配合，如图 3-3-39 所示。重复上述步骤插入其余 3 颗销钉。注意：同时按住〈Ctrl〉和〈Alt〉键，可以用鼠标在装配体界面中或者零件树上直接拖出需要的零部件，此项操作可以提高装配效率。齿轮泵总装效果图如图 3-3-40 所示。

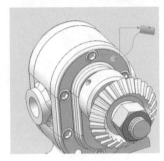

图 3-3-39　插入销并进行配合

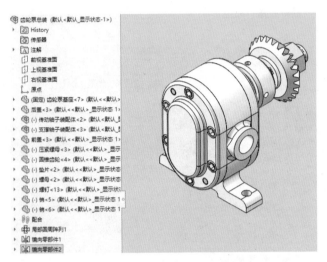

图 3-3-40　齿轮泵总装效果图

4. 干涉检查

选择"工具"→"评估"→"干涉检查"，在"选项"选项组下仅勾选"使干涉零件透明"复选框，单击"所选零部件"选项组下的"计算"按钮，对整个装配体进行干涉检查，如图 3-3-41 所示。检查显示有 14 处干涉，考虑到干涉位置均为螺纹连接处，可以忽略。

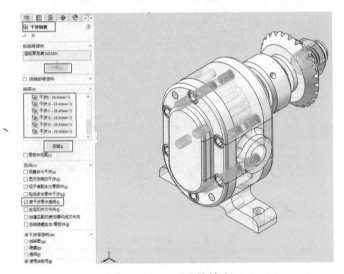

图 3-3-41　干涉检查

任务 3.3.2　齿轮泵装配体爆炸视图创建

【知识导入】

1. 爆炸视图

多体零件的爆炸视图显示分散但已定位的实体，以便说明它们是如何组装在一起的。

在图形区域中选择和拖动实体来生成爆炸视图，从而生成一个或多个爆炸步骤，能更清晰地看到装配体的组成结构，明确零部件在装配时的组装过程。在创建大型装配体的爆炸视图时，可先创建子装配体的爆炸视图，并在总装配中直接使用子装配中创建的爆炸视图。子装配体爆炸视图如图 3-3-42 所示。

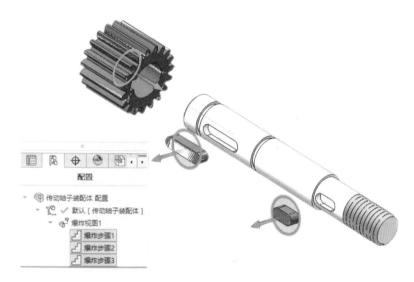

图 3-3-42　子装配体爆炸视图

2. 配置

SolidWorks 的"配置"功能可以在一个文件中创建模型的不同状态，通常应用于相似产品和系列化产品的设计，可以大大减少创建模型的时间，从而提高工作效率。本任务中装配体的"爆炸视图""解除爆炸"就是装配体模型中的零部件之间的分离、结合状态，可以在"配置"功能里进行切换。解除爆炸如图 3-3-43 所示。

【任务目标】

1）掌握创建爆炸视图的方法。

2）掌握装配体中解除爆炸的方法。

3）了解 SolidWorks 中配置的概念。

【任务描述】

在任务一生成的装配体的基础上，创建装配体爆炸视图，如图 3-3-44 所示。

图 3-3-43　解除爆炸

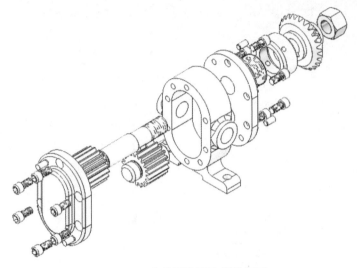

图 3-3-44　齿轮泵装配体爆炸视图

【任务实施】

先建立子装配体爆炸视图再完成总装配体的爆炸，在总装配爆炸过程中直接使用子装配中创建的爆炸视图。

1. 创建支撑轴子装配体的爆炸视图

1）打开支撑轴子装配体文件，单击"插入"→"爆炸视图"命令（见图 3-3-45），选中直齿轮 1，用鼠标沿着 X 轴拖动到合适的位置，单击"完成"按钮，如图 3-3-46 所示。

2）单击"保存"按钮，保存该文件。

图 3-3-45　"爆炸视图"命令

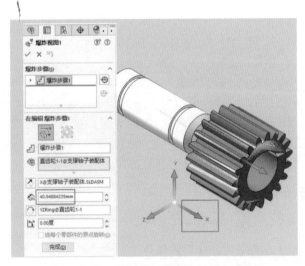

图 3-3-46　支撑轴子装配体的爆炸视图

2. 创建传动轴子装配体的爆炸视图

1）打开传动轴子装配体文件，单击"插入"→"爆炸视图"命令，选中直齿轮 2，由于齿轮是沿着 X 轴方向进行装配的，所以可以用鼠标拖动 X 轴，将其移动到合适的位置。以同样的步骤选中键 1，用鼠标拖动 Z 轴，将其移动到合适的位置。选中键 2，用相同的方法沿 Z 轴移动。一次性完成三个爆炸步骤，单击"完成"按钮 。完成后效果图如图 3-3-47 所示。

2）单击"保存"按钮，保存该文件。

3）编辑爆炸视图。如果后续需要调整爆炸步骤或者零件拖动的方向及距离，SolidWorks 可以像特征编辑一样进行爆炸视图的编辑。选择"配置"，在"爆炸视图"右击，选择"编辑特征"，如图 3-3-48 所示。

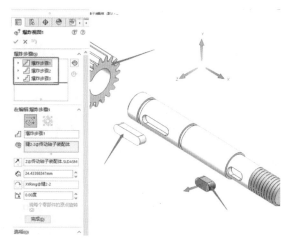

图 3-3-47　传动轴子装配体的爆炸视图　　　　图 3-3-48　编辑爆炸视图

3. 创建齿轮泵总装的爆炸视图

1）打开齿轮泵总装文件，单击"爆炸视图"。

2）按上述操作依次选中装配体中的各个零部件，沿安装时的轴向移动到合适距离，完成多个爆炸步骤。也可以同时选中所有零部件（齿轮泵基座除外），根据安装方向进行拖动形成爆炸视图，软件会根据零部件实际情况对其进行分类，对相同的零部件进行分组操作，提高创建爆炸视图的效率。创建齿轮泵总装的爆炸视图如图 3-3-49 所示。

3）对于总装配体中的子装配体，如果爆炸过程中需要使用子装配体中零件爆炸，可以在爆炸过程中选择"从子装配体"进行操作。具体操作如图 3-3-50 所示。

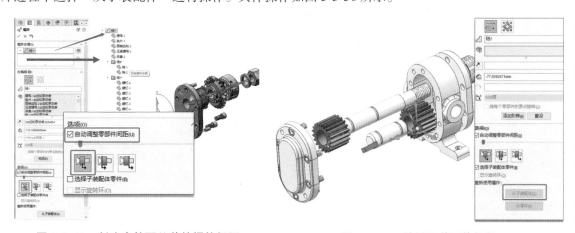

图 3-3-49　创建齿轮泵总装的爆炸视图　　　　图 3-3-50　使用子装配体爆炸

4）最终完成的总装配体爆炸视图如图 3-3-51 所示。

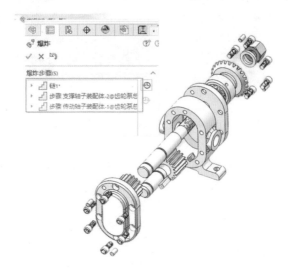

图 3-3-51　总装配体爆炸视图

任务 3.3.3　运动算例应用

【知识导入】

1. 运动算例

运动算例是把装配体模型的运动进行动画模拟，且不更改装配体模型和其属性。SolidWorks 运动算例有三种模式，分别是动画、基本运动和 Motion 分析，并且模拟过程中可以添加光源和相机透视图之类的视觉属性，使模拟更加真实。进入运动算例动画、基本运动与 Motion 分析的方法如图 3-3-52 所示。

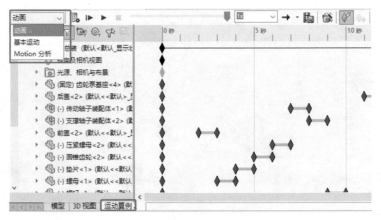

图 3-3-52　动画、基本运动与 Motion 分析

2. 动画

动画从本质上讲就是一段时间内连续播放的一定数量的画面。SolidWorks 中一般用动画来表达和显示装配体的运动，是通过在不同时间设定键码点来规定装配体零部件的位置，并使用插值来定义键码点之间零部件的运动来实现的。在使用动画时不考虑零部件的质量或引力。

3. 基本运动

基本运动可以在装配体上模仿马达、弹簧、碰撞和引力，在计算运动时需要考虑零部件的质量。基本运动计算相当快，可将其用来生成基于物理模拟的演示性动画。

4. Motion 分析

Motion 分析需要在 SolidWorks Premium 的 SolidWorks Motion 插件中使用。一般可利用 Motion 分析功能对装配体进行精确模拟和运动单元的分析（包括力、弹簧、阻尼和摩擦）。Motion 分析使用计算能力强大的动力学求解器，在计算中考虑到了材料属性、质量和惯性。

5. 设计树

设计树包括视向及相机视图、光源、相机等，以及零部件实体，例如马达、力、弹簧等模拟元素。设计树包含的元素是与时间轴一一对应的。设计树及动画设计元素如图 3-3-53 所示。

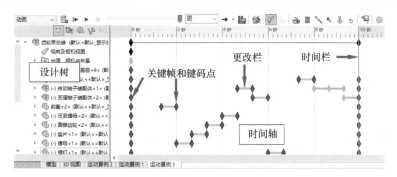

图 3-3-53　设计树及动画设计元素

6. 时间轴

时间轴位于设计树的右方区域。用来显示运动算例中动画事件的时间和类型，包括时间栏、更改栏、关键帧、键码点等。时间轴上的时间线被竖直网格线均分，这些网络线对应表示时间的数字标记。数字标记从 00：00：00 开始，其间距取决于窗口的大小和缩放比例。时间线如图 3-3-54 所示。

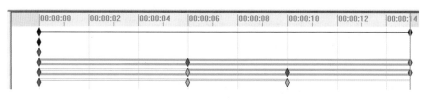

图 3-3-54　时间线

7. 时间栏

如图 3-3-54 中箭头所指，时间线上的纯黑灰色竖直线即为时间栏，它代表当前时间，可以用鼠标左右拖动进行调整。移动时间栏会更改动画的当前时间并更新模型显示。注意，移动或选择时间栏时不要单击关键帧和键码点。在图 3-3-55 所示样例中，时间栏的时间长度设为 6s（从 00：00：00 到 00：00：06）。

图 3-3-55　时间栏

8. 更改栏

更改栏是连接键码点的水平栏。根据实体的不同，更改栏使用不同的颜色来直观地识别零部件和类型的更改。常用更改栏类型见表 3-3-1。

表 3-3-1　常用更改栏类型

图标	更改栏	功能	注释
	◆———◆	总动画持续时间	
	◆———◆	视向及相机视图	视图定向的时间长度
	◆———◆	选取了禁用观阅键码播放	视图定向的时间长度
	◆———◆	外观	包括所有视觉属性，如颜色和透明度 可独立于零部件运动而存在
	◆———◆	驱动运动	驱动运动和从动运动更改栏可在相同键码点之间包括外观更改栏 ◆———◆
	————	从动运动	从动运动零部件可以是运动的，也可以是无运动的 • 运动 ◆———◇ • 无运动 ◆———◆
	◆———◆	爆炸	使用"动画向导"生成

9. 关键帧和键码点

动画中的每一个画面叫作帧，一定时间内连续快速播放若干个帧，就成了人眼中所看到的动画。同一时间内，播放的帧数越多，画面看起来越流畅。关键帧指的是，在构成一段动画的若干帧中，起决定性作用的 2~3 帧。关键帧通常是 1s 动画的第一帧和最后一帧。在 SolidWorks 中用键码点代表动画位置更改的开始或结束的那个画面。无论何时定位一个新的键码点，它都会对应于运动或画面的更改。关键帧和键码点如图 3-3-56 所示。

【任务目标】

1）掌握 SolidWorks 创建运动算例的一般方法。

2）以齿轮泵装配体为例利用动画向导进行爆炸、解除爆炸动画操作。

3）给传动轴添加马达，创建齿轮旋转动画。

4）把运动算例结果导出为视频动画文件。

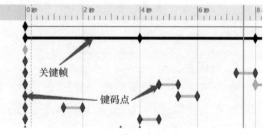

图 3-3-56　关键帧和键码点

【任务描述】

在任务一生成的装配体的基础上，创建齿轮泵装配体运动算例，运动算例界面如图 3-3-57 所示。

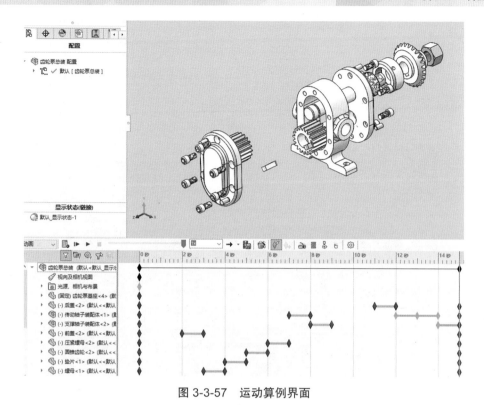

图 3-3-57　运动算例界面

【任务实施】

本任务中不涉及"Motion 分析"和"基本运动"，只进行"动画"操作。

1. 创建齿轮泵爆炸动画

1）打开齿轮泵总装配体文件，并把装配体调整为等轴测视图，并单击左下的"运动算例"按钮，默认进入动画界面，如图 3-3-58 所示。

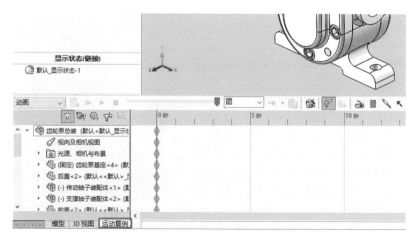

图 3-3-58　创建齿轮泵爆炸动画（1）

2）单击"动画向导"按钮，选择对话框中的"爆炸"，并单击"下一页"按钮，如图 3-3-59 所示。

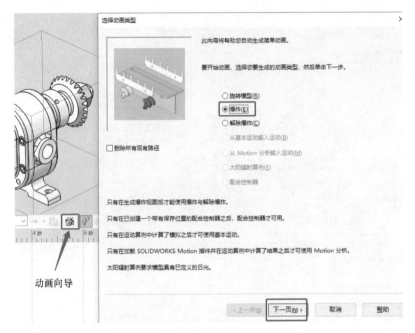

图 3-3-59　创建齿轮泵爆炸动画（2）

3）时间长度设为 15s，开始时间设为 0，并单击"完成"按钮，如图 3-3-60 所示。

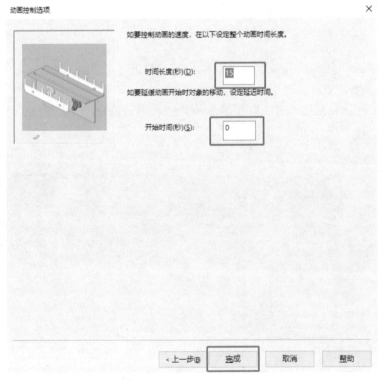

图 3-3-60　创建齿轮泵爆炸动画（3）

4）单击"计算"按钮，爆炸动画会实时播放，如图 3-3-61 所示。

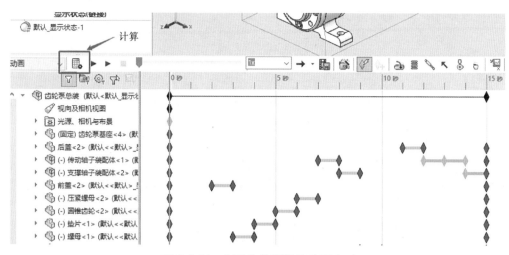

图 3-3-61　创建齿轮泵爆炸动画（4）

2. 创建齿轮泵解除爆炸动画

1）继续单击"动画向导"按钮，选择对话框中的"解除爆炸"，并单击"下一页"按钮，如图 3-3-62 所示。

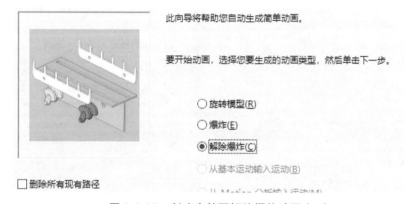

图 3-3-62　创建齿轮泵解除爆炸动画（1）

2）时间长度设为 15s，开始时间设为 15s，并单击"完成"按钮，如图 3-3-63 所示。

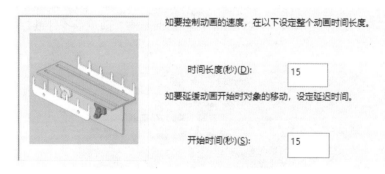

图 3-3-63　创建齿轮泵解除爆炸动画（2）

3）单击"计算"按钮，解除爆炸动画会从第 15s 实时播放，如图 3-3-64 所示。

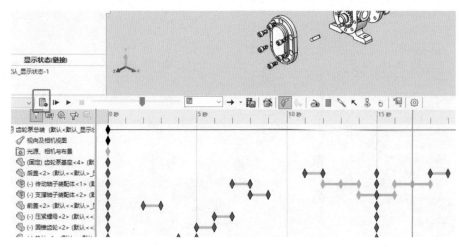

图 3-3-64　创建齿轮泵解除爆炸动画（3）

如果需要对装配体文件进行编辑，要先返回模型界面，可以通过鼠标单击左下的"模型"按钮进行切换，如图 3-3-65 所示。

可以对一个装配体文件创建多个运动算例，操作是在"运动算例"按钮上右击，选择"生成新运动算例"，如图 3-3-66 所示。也可以复制原运动算例对其进行修改，或者对运动算例进行命名等操作。

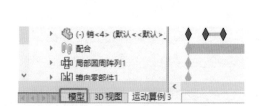

图 3-3-65　切换模型界面

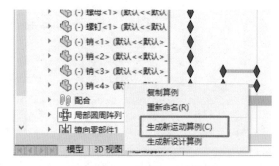

图 3-3-66　生成新运动算例

3. 创建齿轮旋转动画

1）生成一个新运动算例，并将其重新命名为"齿轮旋转"。为了便于观察齿轮泵装配体内的啮合齿轮，单击"剖面视图"按钮，对齿轮泵装配体内的基座、前盖等零件进行剖切操作，如图 3-3-67 所示。

图 3-3-67　选择剖视图（1）

在"剖面视图"对话框中,"剖面方法"选择"分区"进行剖切,"剖面"选择"前视"和"右视"两个基准面,排除掉两个直齿轮、支撑轴、传动轴这 4 个零件,如图 3-3-68 所示。

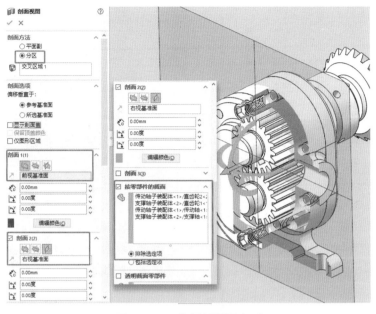

图 3-3-68　选择剖视图(2)

2)单击动画工具栏上的"马达"按钮(见图 3-3-69),在打开的"马达"对话框中选择"旋转马达",并单击传动轴外圆柱面,确定马达位置和马达旋转方向,转速选择"100 RPM",如图 3-3-70 所示。

3)单击"确定"按钮后进行计算,生成的动画结果如图 3-3-71 所示。

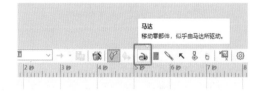

图 3-3-69　"马达"按钮

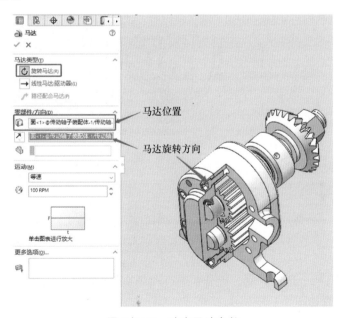

图 3-3-70　确定马达参数

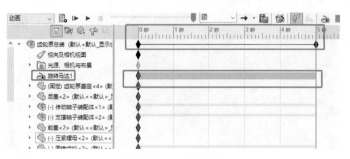

图 3-3-71 动画结果

单击"播放"按钮后进行动画预览，动画时长默认为 5s，可以通过鼠标拖动时间栏进行调整。通过动画可以看到，传动轴把旋转运动传递给直齿轮 1 并啮合直齿轮 2 带动支撑轴旋转，传动轴上的锥齿轮也跟着以同样的速度旋转。这说明在整个动画时间内，配合是激活的，一直保持工作状态，如图 3-3-72 所示。

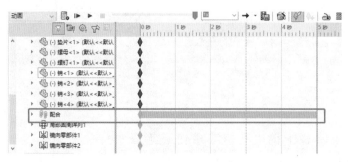

图 3-3-72 配合

4. 保存动画文件

保存动画文件前先对装配体文件进行保存，所进行的运动算例也会一起保存。

1）单击动画工具栏上的"保存动画"按钮（见图 3-3-73），在"保存动画到文件"对话框中选择好"文件名""保存类型""图像大小""每秒的画面""时间范围"等参数，如图 3-3-74 所示。

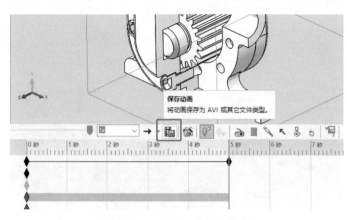

图 3-3-73 "保存动画"按钮

2）本任务中共有两个运动算例，应分别进行动画文件保存。为了使动画文件能在手机上流畅播放，具体参数设置如图 3-3-75 所示。

图 3-3-74 参数设置（1） 图 3-3-75 参数设置（2）

注：SolidWorks 软件中"图像"错写成了"图象"，为与软
件实际一致，未做修改，特此说明。

一般情况下，超过 25 帧的动画，看起来比较流畅。虽然帧数越高越流畅，
但是过高的帧数对计算机的处理要求会极大提高，且人眼不易分辨，综合考虑
帧数普遍选择在 25~60 帧。

齿轮泵装配与仿真动画，可扫描下面的二维码观看。

齿轮泵装配与
仿真动画

【任务拓展】

1. 场景描述

某企业根据实际生产需要，要对现有齿轮泵进行优化升级。上一任务中齿轮泵的设计过于简
单，存在缺少轴承和密封垫、噪声大、容易泄漏等诸多问题。现需进行升级优化设计，改进后需
要满足以下几点要求：

1）增加传动轴承，改进传动轴、支撑轴的旋转工况，减少噪声。

2）增加密封垫，减少齿轮泵流体损失，提高泵的运行效率 100%。

3）要求在原有前盖、后盖结构基础上进行完善性改造设计，尽可能不改变前盖、后盖的原
有外形，增加轴承安装位置和结构，并绘制简图，标注配合部分的尺寸公差。

4）具有良好的性价比，在满足功能要求的前提下，尽量降低成本。

5）尽量做到结构简单，容易安装、维护。

6）要求该设计不改变原产品整体尺寸，方便与原产品进行替换。

2. 相关要求

请设计绘制新的前盖、后盖的草图，将选型后的轴承、密封垫进行装配仿真，并对升级后的
齿轮泵的优点做简要说明。尽可能详细地拟订能实现该升级优化方案的具体工作计划、流程等，
并做必要的成本分析。

假如还有其他问题，需要与委托方或者其他用户或专业人员讨论的话，请写下来，并全面详
细地陈述你的建议方案和理由。

3. 劳动工具与辅助工具

为了完成项目，允许使用学校常用的所有工具，如手册、专业书籍、游标卡尺、装有 CAD/

CAM 等应用软件的计算机、笔记、计算器等。

4. 解决方案评价内容参考

（1）直观性 / 展示性

1）是否给出并详细讲解了装配示意图和其他示意图。

2）是否编写出一份一目了然的所用材料及部件的清单（如表格）。

3）图形、表格、用词等是否符合专业规范。

（2）功能性

1）从技术角度看，装配解决方案是否合理有效。

2）所设计的工作 / 装配流程是否合理。

3）所列的解释和描述在专业上是否正确。

4）是否能识别出各种解决方案的优缺点。

（3）使用价值导向

1）解释和草图是否外行人也能看得懂。

2）所设计的方案是否易于实施。

3）是否提出了超出客户期望的合理建议。

4）是否交给用户一份说明书，使其了解当使用过程中出现问题时如何应对。

（4）经济性

1）是否考虑到各种解决方案的费用和劳动投入量。

2）施工方案是否具有经济性。

3）在提出的多种方案中选择这种方案的理由是什么。

4）是否考虑了节能环保问题。

（5）工作过程导向

1）在解决方案中是否考虑到了客户的要求。

2）在确定施工工艺时，是否考虑了后期的维护与保养。

3）计划中是否考虑到如何向客户移交。

4）是否有一个包括时间进度、人员安排的工作计划。

（6）社会接受度

1）是否考虑到安全施工、事故防范的内容。

2）方案中是否有人性化设计，如工作环境、场地设施是否关注员工的身体健康和考虑操作的方便性。

（7）环保性

1）是否考虑了废物（包括原装置未损坏部分）的再利用。

2）是否考虑了施工所产生废料的妥善处理办法。

（8）创造性

1）方案（包括备选方案）是否回应了客户提出的问题，例如人员身份、位置信息、共享安全等。

2）是否想到过创新的解决方案。

【任务评价】

任务评价表见表 3-3-2。

表 3-3-2　任务评价表

测试任务			齿轮泵装配与仿真				
能力模块		编码		姓名	日期		
一级能力	二级能力	序号	评分项说明	完全不符	基本不符	基本符合	完全符合
功能性能力	直观性/展示性	1	对委托方来说，解决方案的表述是否容易理解				
		2	对专业人员来说，是否恰当地描述了解决方案				
		3	是否直观形象地说明任务的解决方案，如用图表或图画				
		4	解决方案的层次结构是否分明，描述解决方案的条理是否清晰				
		5	解决方案是否与专业规范或技术标准相符合（从理论、实践、制图、数学和语言方面考虑）				
	功能性	6	解决方案是否满足功能性要求				
		7	是否达到"技术先进水平"				
		8	解决方案是否可以实施				
		9	是否（从职业活动的角度）说明了各种设计的理由				
		10	表述的解决方案是否正确				
过程性能力	使用价值导向	11	解决方案是否提供了方便的保养和维修				
		12	解决方案是否考虑了功能扩展的可能性				
		13	解决方案是否考虑了如何避免干扰并且说明了理由				
		14	对于使用者来说，解决方案是否方便、易于使用				
		15	对于委托方来说，解决方案（如设备）是否具有使用价值				
	经济性	16	实施解决方案的成本是否较低				
		17	时间与人员配置是否满足实施方案的要求				
		18	是否考虑了企业投入与收益之间的关系并说明理由				
		19	是否考虑了后续成本并说明理由				
		20	是否考虑了实施方案的过程（工作过程）的效率				
	工作过程导向	21	解决方案是否适合企业的生产流程和组织架构（包括自己和客户）				
		22	解决方案是否以工作过程为基础（而不仅是书本知识）				
		23	是否考虑了上游和下游的生产流程并说明理由				
		24	解决方案是否反映出与职业典型的工作过程相关的能力				
		25	解决方案中是否考虑了超出本职业工作范围的内容				
设计能力	社会接受度	26	解决方案在多大程度上考虑了人性化的工作设计和组织设计方面的可能				
		27	是否考虑了健康保护方面的内容并说明理由				
		28	是否考虑了人机工程方面的要求并说明理由				
		29	是否注意到工作安全和事故防范方面的规定与准则				
		30	解决方案在多大程度上考虑了对社会造成的影响				

（续）

测试任务			齿轮泵装配与仿真						
能力模块			编码		姓名		日期		
一级能力	二级能力	序号	评分项说明			完全不符	基本不符	基本符合	完全符合
设计能力	环保性	31	是否考虑了环境保护方面的相关规定并说明理由						
		32	解决方案中是否考虑了所用材料是否符合环境可持续发展的要求						
		33	解决方案在多大程度上考虑了环境友好的工作设计						
		34	是否考虑了废物的回收和再利用并说明理由						
		35	是否考虑了节能和能量效率的控制						
	创造性	36	解决方案是否包含特别的和有意思的想法						
		37	是否形成了一个既有新意同时又有意义的解决方案						
		38	解决方案是否具有创新性						
		39	解决方案是否显示出对问题的敏感性						
		40	解决方案中，是否充分利用了任务所提供的设计（创新）空间						
小计									
合计									

任务 3.4　3D 打印机装配与仿真

【思维导图】

3D打印机(3D Printer)简称3DP，是一位名为恩里科·迪尼(Enrico Dini)的发明家设计的一种神奇的打印机，它不仅可以打印一幢完整的建筑，甚至可以在航天飞船中给宇航员打印任何所需的物品。房子、器官、汽车、衣服、机器人等，这些东西都可以打印出来。此前，部件设计完全依赖于生产工艺能否实现，而3D打印机的出现，将颠覆这一生产思路，任何复杂形状的设计均可以通过3D打印机来实现

3D打印机本质上是一类多轴联动的数控设备，主要包括控制模块、驱动装置、传动装置、机架、打印平台、料盘、进料装置、打印喷头、冷却装置等功能模块。3D打印是快速成型的一种工艺，采用层层堆积的方式分层制作出三维模型，其基本原理是通过改变材料的状态和喷头的三维运动合成，将"1D"丝材堆积成"3D"物体

任务3.4　3D打印机装配与仿真

任务3.4.1　3D打印机装配

任务3.4.2　装配爆炸图创建

任务3.4.3　运动仿真

任务拓展

任务评价

增材制造（又称 3D 打印）技术是一种通过简单二维逐层增加材料直接实现三维复杂结构制造的数字化、智能化、低成本、短周期的先进制造技术。它突破了传统零件成形和加工制造技术的原理限制，从理论上来讲，不依赖于传统工业基础设施，仅仅通过简单的"二维数字打印"就可以直接制造出任意内部结构、外形、几何尺寸的高性能三维复杂结构。

正因为相较于传统成形制造技术的变革性优势，3D 打印技术成为当前装备先进制造、结构设计和新材料等技术领域的热点方向，欧美等发达国家纷纷将其列入国家发展战略。

我国 3D 打印技术的研究工作开始于 20 世纪 90 年代。在国家相关部门的支持下，清华大学、西安交通大学等多所大学和科研机构开启了 3D 打印技术研究，在软件、材料等方面取得了很大进展。

今天，3D 打印技术已被成功应用到航空航天、汽车制造、工业设计、生物工程、教育教学、生物医疗、建筑设计、文物修复、文化创意、服饰珠宝、食品制作等诸多领域，产生了很大的社会效益和经济效益。

本任务在熟悉 3D 打印机相关知识后，学习对 3D 打印机的三维模型进行仿真装配和运动仿真测试。

任务 3.4.1　3D 打印机装配

【任务目标】

1）学习产品装配的相关理论知识，掌握产品装配的基本技能。

2）通过对 3D 打印机的装配设计，学会产品装配的基本设计步骤。

3）掌握组件的各种创建及编辑方法。

4）掌握 NX 装配的基本概念及装配方法。

5）了解机构装配的各种技巧。

6）熟练使用各种查询工具。

7）在学习已有产品装配设计的基础上，设计装配一款新的产品。

【任务描述】

1）观察生活中常见的 3D 打印机，思考其应具备的功能及装配特点。

2）利用所学的 NX 装配知识进行 3D 打印机的装配设计。供参考的 3D 打印机设计案例如图 3-4-1 所示。

3）在完成上述 3D 打印机装配设计的基础上，设计装配一款新的产品。

【任务实施】

在装配模块中，可以快速将零件组合成产品，还可以在装配的上下文范围内建立新的零件模型，并产生明细列表。此外，在装配中可以参照其他组件进行组件配对设计，并可对装配模型进行间隙分析和质量

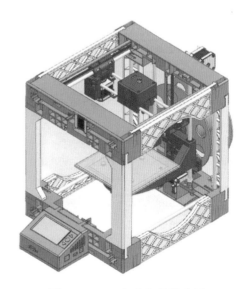

图 3-4-1　3D 打印机设计案例

管理等操作。装配模型生成后，可建立爆炸图，并可将其引入到装配工程图中。

一般情况下，装配组件有两种方式：一种是先设计好装配中的所有组件，然后将组件添加到装配中，在工程应用中将这种装配方式称为自底向上装配；另一种则需要根据实际情况才能判断装配件的大小和形状，因此要先创建一个新组件，然后在该组件中建立几何对象或将原有的几何对象添加到新建的组件中，这种装配方式称为自顶向下装配。

自底向上装配是常用的一种装配方法，即先设计装配中的组件，再将组件添加到装配中，自底向上逐级进行装配。

1. 装配环境

1）选择"文件"→"新建"命令，或单击"主页"功能区中的"新建"按钮，打开图 3-4-2 所示的"新建"对话框。

图 3-4-2 "新建"对话框

2）在"模型"选项卡的"模板"选项组中选择"装配"选项，单击"确定"按钮，打开"添加组件"对话框。

3）在"添加组件"对话框中单击"打开"按钮，打开装配零件后进入装配环境。

2. 添加后下主体、后下主体上的电动机并装配

（1）选择 Z 轴主体框架、托盘打印平台组件　选择"菜单"→"装配"→"组件"→"添加组件"命令，或单击"主页"功能区"装配"组中的"添加"按钮，弹出"添加组件"对话框。

单击"打开"按钮，弹出"部件名"对话框。根据部件的存放路径选择部件，文件名为"后下主体 Cornflower-lan"，单击"OK"按钮，在绘图区指定放置组件的位置，弹出"组件预览"窗口，如图 3-4-3 所示。

在"添加组件"对话框的"组件锚点"下拉列表中选择"绝对坐标系"选项，单击"点对话框"按钮，打开"点"对话框，将点位置设置为坐标原点，单击"确定"按钮，将所选部件添加到装配环境中的原点处，如图 3-4-4 所示。

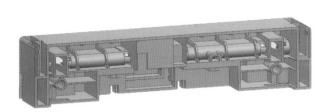

图 3-4-3 预览添加组件   图 3-4-4 组件锚点

（2）添加组件并装配　选择"菜单"→"装配"→"组件"→"添加组件"命令，或单击"主页"功能区"装配"组中的"添加"按钮，弹出"添加组件"对话框。

单击"打开"按钮，弹出"部件名"对话框。根据部件的存放路径选择部件，文件名为"后上主体电动机"（实际上这是后下主体上的电动机），单击"OK"按钮，在绘图区指定放置组件的位置，弹出"组件预览"窗口。在"添加组件"对话框的"放置"选项组中选中"约束"单选按钮。

在"约束类型"选项组中选择"固定"，选择后下主体将其固定。在"约束类型"选项组中选择"接触对齐"，设置"方位"为"接触"，如图 3-4-5 所示。

在"约束类型"选项组中选择"接触对齐"，设置"方位"为"接触"，选择图 3-4-6 所示的电动机壳外侧与后下主体内侧的接触面，单击"确定"按钮。

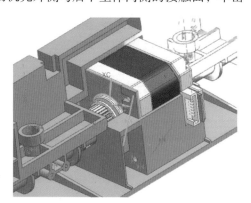

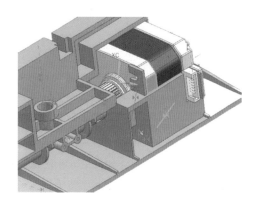

图 3-4-5 后下主体上电动机的接触约束（1）   图 3-4-6 后下主体上电动机的接触约束（2）

3. 添加电机垫圈、电动机螺钉并装配

1）选择"菜单"→"装配"→"组件"→"添加组件"命令，或单击"主页"功能区"装配"组中的"添加"按钮时，弹出"添加组件"对话框。

2）单击"打开"按钮，弹出"部件名"对话框。根据部件的存放路径选择部件"电动机垫圈"，单击"OK"按钮，在绘图区指定放置组件的位置，弹出"组件预览"窗口。

3）在"添加组件"对话框的"放置"选项组中选中"约束"单选按钮。

4）"约束类型"选项组中选择"同心"，选择图 3-4-7 所示的垫圈内侧边沿与后下主体圆孔边沿，单击"确定"按钮。

5）选择"菜单"→"装配"→"组件"→"添加组件"命令，或单击"主页"功能区"装配"组中的"添加"按钮，弹出"添加组件"对话框。

6）单击"打开"按钮，弹出"部件名"对话框。根据部件的存放路径选择部件"电机螺钉"，单击"OK"按钮，在绘图区指定放置组件的位置，弹出"组件预览"窗口。

7）在"添加组件"对话框的"放置"选项组中选中"约束"单选按钮。

8）在"约束类型"选项组中选择"接触对齐"，设置"方位"为"对齐"，选择图 3-4-8 所示的电机壳圆柱面和螺钉的圆柱面，单击"应用"按钮。

9）在"约束类型"选项组中选择"接触对齐"，设置"方位"为"接触"，选择垫圈外侧与螺钉底部接触面，单击"应用"按钮。

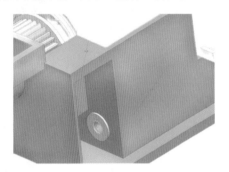

图 3-4-7　电动机垫圈的同心约束

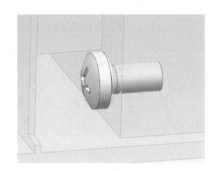

图 3-4-8　电动机螺钉的接触约束

4. 添加后支撑杆、托盘平台弹簧并装配

1）选择"菜单"→"装配"→"组件"→"添加组件"命令，或单击"主页"功能区"装配"组中的"添加"按钮，弹出"添加组件"对话框。

2）单击"打开"按钮，弹出"部件名"对话框。根据部件的存放路径选择部件"后支撑杆 Pale Stone-yan"，数量选择 4 个，单击"OK"按钮，在绘图区指定放置组件的位置，弹出"组件预览"窗口。

3）在"添加组件"对话框的"放置"选项组中选中"约束"单选按钮。

4）在"约束类型"选项组中选择"同心"，分别选择 4 个支撑杆底部的圆与后下主体孔底的圆，单击"应用"按钮，如图 3-4-9 所示。

5）选择"菜单"→"装配"→"组件"→"添加组件"命令，或单击"主页"功能区"装配"组中的"添加"按钮，弹出"添加组件"对话框。

6）单击"打开"按钮，弹出"部件名"对话框。根据部件的存放路径选择部件"托盘平台 8 弹簧"，数量选择 2 个，单击"OK"按钮，在绘图区指定放置组件的位置，弹出"组件预览"窗口。

7）在"添加组件"对话框的"放置"选项

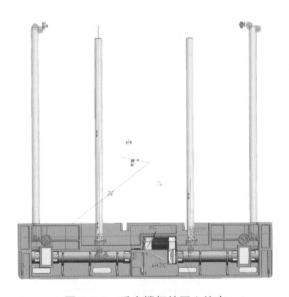

图 3-4-9　后支撑杆的同心约束

组中选中"约束"单选按钮。

8）在"约束类型"选项组中选择"接触对齐"，设置"方位"为"对齐"，选择图 3-4-10 所示的弹簧轴线与支撑杆轴线，单击"应用"按钮。

9）在"约束类型"选项组中选择"接触对齐"，设置"方位"为"接触"，选择弹簧底面与后下主体的孔边，单击"应用"按钮。

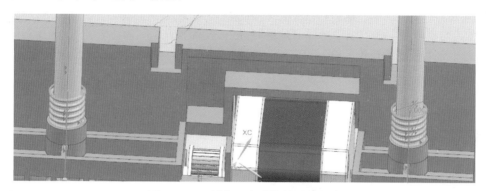

图 3-4-10　托盘平台弹簧的对齐约束

5. 添加零件组并装配

1）选择"菜单"→"装配"→"组件"→"添加组件"命令，或单击"主页"功能区"装配"组中的"添加"按钮，弹出"添加组件"对话框。

2）单击"打开"按钮，弹出"部件名"对话框。根据部件的存放路径选择部件"零件组"（assembly5），单击"OK"按钮，在绘图区指定放置组件的位置，弹出"组件预览"窗口。

3）在"添加组件"对话框的"放置"选项组中选中"约束"单选按钮。

4）在"约束类型"选项组中选择"同心"，选择图 3-4-11 所示的后下主体上的孔边与零件组上的半圆形边，单击"应用"按钮。

5）在"约束类型"选项组中选择"接触对齐"，设置"方位"为"接触"，选择图 3-4-12 所示的零件组背面与后下主体的接触面，单击"应用"按钮。

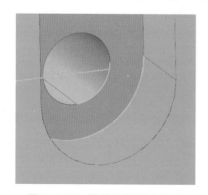

图 3-4-11　零件组的同心约束

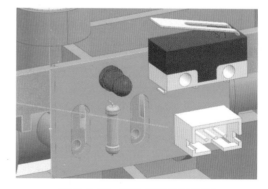

图 3-4-12　零件组的接触约束

6. 添加托盘平台并装配

1）选择"菜单"→"装配"→"组件"→"添加组件"命令，或单击"主页"功能区"装配"组中的"添加"按钮，弹出"添加组件"对话框。

2）单击"打开"按钮，弹出"部件名"对话框。根据部件的存放路径选择部件"托盘平台

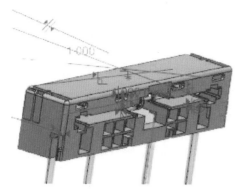

图 3-4-15　后上主体

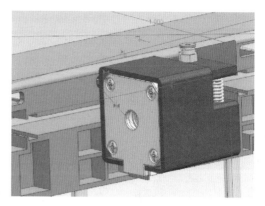

图 3-4-16　后上电动机

8. 添加横向支撑杆、中间部分并装配

1）选择"菜单"→"装配"→"组件"→"添加组件"命令，或单击"主页"功能区"装配"组中的"添加"按钮，弹出"添加组件"对话框。

2）单击"打开"按钮，弹出"部件名"对话框。根据部件的存放路径选择部件"横向支撑杆 测试"，数量选择 4 个，单击"OK"按钮，在绘图区指定放置组件的位置，弹出"组件预览"窗口。

3）在"添加组件"对话框的"放置"选项组中选中"约束"单选按钮。

4）在"约束类型"选项组中选择"同心"，分别选择后上主体左右侧孔底的圆与两根横向支撑杆顶部的圆，如图 3-4-17 所示。

5）在"约束类型"选项组中选择"同心"，分别选择后下主体左右侧孔底的圆与两根横向支撑杆顶部的圆。

6）选择"菜单"→"装配"→"组件"→"添加组件"命令，或单击"主页"功能区"装配"组中的"添加"按钮，弹出"添加组件"对话框。

7）单击"打开"按钮，弹出"部件名"对话框。根据部件的存放路径选择部件"中间 测试"，单击"OK"按钮，在绘图区指定放置组件的位置，弹出"组件预览"窗口。

8）在"添加组件"对话框的"放置"选项组中选中"约束"单选按钮。

9）在"约束类型"选项组中选择"接触对齐"，设置"方位"为"对齐"，分别选择左右侧中间部分的孔的轴线与后上主体左右侧孔的轴线，单击"应用"按钮，如图 3-4-18 所示。

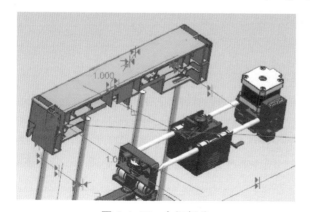

图 3-4-17　中间部分

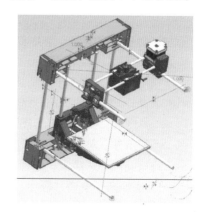

图 3-4-18　横向支撑杆

9. 添加耗材支撑件 1、耗材支撑件 2 并装配

1）选择"菜单"→"装配"→"组件"→"添加组件"命令，或单击"主页"功能区"装配"组中的"添加"按钮，弹出"添加组件"对话框。

2）单击"打开"按钮，弹出"部件名"对话框。根据部件的存放路径选择部件"耗材支撑 1 Gray- 浅灰"，单击"OK"按钮，在绘图区指定放置组件的位置，弹出"组件预览"窗口。

3）在"添加组件"对话框的"放置"选项组中选中"约束"单选按钮。

4）在"约束类型"选项组中选择"接触对齐"，设置"方位"为"接触"，如图 3-4-19 所示分别选择耗材支撑件 1 与后下主体的接触表面，单击"应用"按钮。

5）选择"菜单"→"装配"→"组件"→"添加组件"命令，或单击"主页"功能区"装配"组中的"添加"按钮，弹出"添加组件"对话框。

6）单击"打开"按钮，弹出"部件名"对话框。根据部件的存放路径选择部件"耗材支撑 2 Gray- 浅灰"，单击"OK"按钮，在绘图区指定放置组件的位置，弹出"组件预览"窗口。

7）在"添加组件"对话框的"放置"选项组中选中"约束"单选按钮。

8）在"约束类型"选项组中选择"平行"，如图 3-4-20 所示分别选择耗材支撑件 2 半圆形底部平面与后下主体上表面，单击"应用"按钮。

9）在"约束类型"选项组中选择"同心"，分别选择耗材支撑件 2 的孔底面圆与耗材支撑件 1 孔底面圆，单击"应用"按钮。

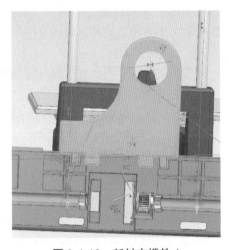 

图 3-4-19　耗材支撑件 1　　　　　　　　图 3-4-20　耗材支撑件 2

10. 添加耗材盘、纵向同步带并装配

1）选择"菜单"→"装配"→"组件"→"添加组件"命令，或单击"主页"功能区"装配"组中的"添加"按钮，弹出"添加组件"对话框。

2）单击"打开"按钮，弹出"部件名"对话框。根据部件的存放路径选择部件"耗材 Sliver Gray- 灰"，单击"OK"按钮，在绘图区指定放置组件的位置，弹出"组件预览"窗口。

3）在"添加组件"对话框的"放置"选项组中选中"约束"单选按钮。

4）在"约束类型"选项组中选择"同心"，如图 3-4-21 所示分别选择耗材支撑件 2 的孔底面圆与耗材盘的孔底面圆，单击"应用"按钮。

5）选择"菜单"→"装配"→"组件"→"添加组件"命令，或单击"主页"功能区"装配"组中的"添加"按钮，弹出"添加组件"对话框。

6）单击"打开"按钮，弹出"部件名"对话框。根据部件的存放路径选择部件"同步带268"，单击"OK"按钮，在绘图区指定放置组件的位置，弹出"组件预览"窗口。

7）在"添加组件"对话框的"放置"选项组中选中"约束"单选按钮。

8）在"约束类型"选项组中选择"接触对齐"，设置"方位"为"对齐"，如图 3-4-22 所示分别选择同步带两头的半圆与后下主体和后上主体的定滑轮圆边，单击"应用"按钮。

9）在"约束类型"选项组中选择"距离"，将同步带一边与定滑轮侧距离设置为 1mm，单击"应用"按钮。

图 3-4-21　耗材盘

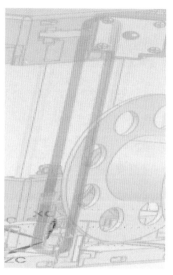

图 3-4-22　纵向同步带

11. 添加前上主体、前下主体、前支撑杆并装配

1）选择"菜单"→"装配"→"组件"→"添加组件"命令，或单击"主页"功能区"装配"组中的"添加"按钮，弹出"添加组件"对话框。

2）单击"打开"按钮，弹出"部件名"对话框。根据部件的存放路径选择部件"前上主体测试"和"前下主体 Cornflower- 蓝"，单击"OK"按钮，在绘图区指定放置组件的位置，弹出"组件预览"窗口。

3）在"添加组件"对话框的"放置"选项组中选中"约束"单选按钮。

4）在"约束类型"选项组中选择"同心"，如图 3-4-23 所示分别选择前上主体、前下主体左右侧孔底的圆，与横向支撑杆顶部的圆一一对应，单击"应用"按钮。

5）选择"菜单"→"装配"→"组件"→"添加组件"命令，或单击"主页"功能区"装配"组中的"添加"按钮，弹出"添加组件"对话框。

6）单击"打开"按钮，弹出"部件名"对话框。根据部件的存放路径选择部件"前支撑杆 Pale Sotne-yan"，数量设置为 2 个，单击"OK"按钮，在绘图区指定放置组件的位置，弹出"组件预览"窗口。

7）在"添加组件"对话框的"放置"选项组中选中"约束"单选按钮。

8）在"约束类型"选项组中选择"同心"，如图 3-4-24 所示分别选择前上主体下方孔底的两个圆，与前支撑杆顶部的圆一一对应，单击"应用"按钮。

图 3-4-23　前上主体、前下主体

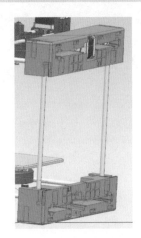

图 3-4-24　前支撑杆

12. 添加前控制盒、横向同步带并装配

1）选择"菜单"→"装配"→"组件"→"添加组件"命令，或单击"主页"功能区"装配"组中的"添加"按钮，弹出"添加组件"对话框。

2）单击"打开"按钮，弹出"部件名"对话框。根据部件的存放路径选择部件"控制盒 Cornflower-蓝"，单击"OK"按钮，在绘图区指定放置组件的位置，弹出"组件预览"窗口，如图 3-4-25 所示。

3）在"添加组件"对话框的"放置"选项组中选中"约束"单选按钮。

4）在"约束类型"选项组中选择"接触对齐"，设置"方位"为"接触"，分别选择前控制盒与前下主体的多个接触表面，单击"应用"按钮。

5）选择"菜单"→"装配"→"组件"→"添加组件"命令，或单击"主页"功能区"装配"组中的"添加"按钮，弹出"添加组件"对话框。

6）单击"打开"按钮，弹出"部件名"对话框。根据部件的存放路径选择部件"横向同步带"，单击"OK"按钮，在绘图区指定放置组件的位置，弹出"组件预览"窗口。

7）在"添加组件"对话框的"放置"选项组中选中"约束"单选按钮。

8）在"约束类型"选项组中选择"接触对齐"，设置"方位"为"对齐"，分别选择同步带两头的半圆与前上主体和后上主体的定滑轮圆边，单击"应用"按钮。

9）在"约束类型"选项组中选择"距离"，如图 3-4-26 所示将同步带一边与定滑轮侧距离设置为 1mm，单击"应用"按钮。

图 3-4-25　控制盒

图 3-4-26　横向同步带

任务 3.4.2　装配爆炸图创建

【任务目标】

1）掌握创建爆炸图的方法。

2）掌握装配体中解除爆炸的方法。

3）了解 NX 中配置的概念。

【任务描述】

在任务一生成装配体的基础上，创建装配爆炸图，如图 3-4-27 所示。

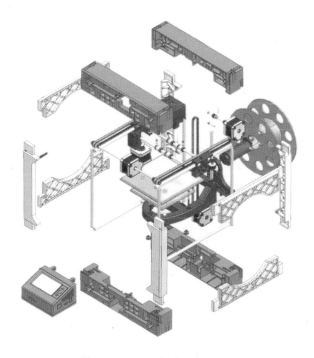

图 3-4-27　3D 打印机爆炸图

【任务实施】

爆炸图是装配结构的一种图示说明，可以在装配环境下把组成装配的组件拆分开来，清晰地展示整个装配的组成状况，以便更好地观察每个组件。

1. 创建爆炸图

选择"菜单"→"装配"→"爆炸图"→"新建爆炸"命令，弹出图 3-4-28 所示的"编辑爆炸"对话框。在该对话框中输入爆炸图名称，或接受默认名称，然后单击"确定"按钮，即可创建爆炸图。

2. 爆炸组件

新建一个爆炸图后，视图并没有发生什么变化，接

图 3-4-28　"编辑爆炸"对话框

下来就必须使组件炸开。可以采用自动爆炸方式完成爆炸，即基于组件配对条件沿表面的正交方向自动爆炸组件。

选择"菜单"→"装配"→"爆炸图"→"自动爆炸组件"命令，弹出图 3-4-29 所示的"类选择"对话框。单击"全选"按钮选中所有组件，就可对整个装配进行爆炸。若利用鼠标选择，则可以连续地选中任意多个组件，然后将这些组件炸开。完成组件的选择后，单击"确定"按钮，弹出图 3-4-30 所示的"自动爆炸组件"对话框。"距离"文本框用于设置自动爆炸组件之间的距离，距离值可正可负。

图 3-4-29 "类选择"对话框

图 3-4-30 "自动爆炸组件"对话框

3. 编辑爆炸图

如果没有得到理想的爆炸效果，通常还需要对爆炸图进行编辑。

选择"菜单"→"装配"→"爆炸图"→"编辑爆炸"命令，弹出图 3-4-31 所示的"编辑爆炸"对话框。在视图中选择需要进行调整的组件，然后在"编辑爆炸"对话框中选中"移动对象"单选按钮，再在视图中选择一个坐标方向，此时"距离""对齐增量""方向"选项被激活，从中输入所选组件的偏移距离和方向后，单击"确定"或"应用"按钮，即可完成该组件位置的调整。

图 3-4-31 "编辑爆炸"对话框

4. 取消爆炸图

选择"菜单"→"装配"→"爆炸图"→"取消爆炸组件"命令，弹出"类选择"对话框，在视图中选择不进行爆炸的组件，单击"确定"按钮，即可使已爆炸的组件恢复到原来的位置。

5. 删除爆炸图

选择"菜单"→"装配"→"爆炸图"→"删除爆炸"命令，弹出图 3-4-32 所示的"爆炸"对话框。在该对话框中选择要删除的爆炸图名称，单击"确定"按钮，即可删除所选爆炸图。

图 3-4-32 "爆炸"对话框

6. 隐藏和显示爆炸图

（1）隐藏爆炸图 选择"菜单"→"装配"→"爆炸图"→"隐藏爆炸"命令，即可将当前爆炸图隐藏起来，使视图中的组件恢复到爆炸前的状态。

（2）显示爆炸图 选择"菜单"→"装配"→"爆炸图"→"显示爆炸"命令，即可将已建立的爆炸图显示在视图中。

任务 3.4.3 运动仿真

【知识导入】

1. 构件

任何机器都是由许多零件组合而成的。这些零件中，有的作为一个独立的运动单元体而运动，有的由于结构和工艺上的需要，而与其他零件刚性地连接在一起，作为一个整体而运动，这些刚性连接在一起的各个零件共同组成了一个独立的运动单元体。机器中一个独立的运动单元体称为一个构件。

2. 运动副

由构件组成机构时，需要以一定的方式把各个构件彼此连接起来，这种连接不是刚性连接，而是能产生某些相对运动的。这种由两个构件组成的可动连接称为运动副，两个构件上能够参加接触而构成运动副的表面称为运动副元素。

3. 自由度和约束

假设有任意两构件，它们在没有构成运动副之前，两者之间有 6 个相对自由度（在坐标系中有 3 个运动和 3 个转动自由度）。若将两者以某种方式连接而构成运动副，则两者间的相对运动便受到一定的约束。

运动副常根据两构件的接触情况进行分类，两构件通过点或线接触而构成的运动副统称为高副，通过面接触而构成的运动副称为低副。另外，运动副也有按移动方式分类的，如移动副、转动副、螺旋副、球面副等，其移动方式分别为移动、转动、螺旋运动和球面运动。

4. 机构自由度的计算

在机构创建过程中，每个自由构件均引入 6 个自由度，同时运动副又给机构运动带来约束。常用运动副的约束数见表 3-4-1。

表 3-4-1 常用运动副的约束数

运动副类型	转动副	移动副	圆柱副	螺旋副	球面副	平面副
约束数	5	5	4	1	3	3
运动副类型	齿轮副	齿轮齿条副	线缆副	万向联轴器	点线接触高副	曲线间接触高副
约束数	1	1	1	4	2	2

机构总自由度数可用下式进行计算：

$$机构自由度总数 = 活动构件数 \times 6 - 约束总数 - 原动件独立输入运动数$$

【任务目标】

1）掌握 NX 创建运动仿真的一般方法。

2）以 3D 打印机装配本体为例进行运动仿真。

3）把运动仿真结果导出为视频动画文件。

【任务描述】

同结构分析相似，仿真模型是在主模型的基础上创建的，两者间存在密切联系。

1）单击"应用模块"功能区"仿真"组中的"运动"按钮，进入运动分析模块。

2）单击绘图窗口左侧的"运动导航器"按钮，弹出图 3-4-33 所示的"运动导航器"面板。

3）右击"运动导航器"面板中的主模型名称，在弹出的快捷菜单中选择"新建仿真"命令，弹出"新建仿真"对话框，单击"确定"按钮，打开图 3-4-34 所示的"环境"对话框，单击"确定"按钮。

图 3-4-33 "运动导航器"对话框

图 3-4-34 "环境"对话框

4）打开图 3-4-35 所示的"机构运动副向导"对话框，单击"取消"按钮，即可创建默认名称为"motion_1"的运动仿真文件。

图 3-4-35 "机构运动副向导"对话框

5）右击文件名为"motion_1"的文件，弹出快捷菜单，用户可以使用其中的命令对仿真模型进行多种操作，其中常用命令的含义如下：

① 新建连杆：在模型中创建连杆，通过"连杆"对话框可以为连杆赋予质量特性、转动惯量等。

② 新建运动副：在模型中的接触连杆间定义的运动副包括旋转副、滑动副、球面副等。

③ 新建连接器、新建载荷：为机构各连杆定义力学对象，包括标量力、力矩、矢量力、力矩和弹簧副、阻尼等。

④ 新建约束：为模型定义高低副，包括点在线上副、线在线上副和点在面上副。

⑤ 新建耦合副：为模型定义传动对，包括齿轮副、齿轮齿条副和线缆副。

⑥ 新建标记：通过连杆产生标记点，可方便地为分析结果标记该点的接触力、位移、速度。

⑦ 环境：为运动分析定义解算器，包括运动学和动态两种解算器。

⑧ 信息：供用户查看仿真模型中的信息，包括运动连接信息和在 Scenario 模型修改表达式的信息。

⑨ 导出：输出机构分析结果，以供其他系统调用。

⑩ 运动分析：对设置好的仿真模型进行求解分析。

⑪ 求解器：选择分析求解的运算器，包括 Simcenter Motion、NX Motion、Recurdyn 和 Adams 4 种。

【任务实施】

1. 解算方案

当用户完成连杆、运动副和驱动等条件的设立后，即可进入解算方案的创建和求解，进行运动的仿真分析。

解算方案包括定义分析类型、解算方案类型及特定的传动副驱动类型等。用户可以根据需求对同一组连杆、运动副定义不同的解算方案。

选择"菜单"→"插入"→"解算方案"命令，或单击"主页"功能区"解算方案"组中的"解算方案"按钮，打开图 3-4-36 所示的"解算方案"对话框。在该对话框的"类型"下拉列表框中包含以下选项：

图 3-4-36　"解算方案"对话框

1）常规驱动：这种解算方案包括动力学分析和静力平衡分析，通过用户设定时间和步数，在此范围内进行仿真分析解算。

2）铰链运动驱动：在求解的后续阶段通过用户设定的传动副与定义的步长进行仿真分析。

3）电子表格驱动：通过 Excel 电子表格列出传动副的运动关系，系统根据输入的电子表格进行运动仿真分析。

与求解器相关的参数基本保持默认设置，解算方案的默认名称为"Solution_1"。完成解算方案的设置后，进入系统求解阶段。对于不同的解算方案，求解方式不同。对于常规解算方案，系统直接完成求解,用户在运动分析的工具条中完成运动仿真分析的后置处理。

对于铰链运动驱动和电子表格驱动方案,需要用户设置传动副、定义步长和输入电子表格以完成仿真分析。

2. 求解

完成解算方案的设置后,进入系统求解阶段。对于不同的解算方案,求解方式不同。对于常规解算方案,单击"主页"功能区"解算方案"组中的"求解"按钮,系统直接完成求解。

对于铰链运动驱动和电子表格驱动方案,需要用户设置传动副、定义步长和输入电子表格以完成仿真分析。

3. 输出结果

(1)动画 动画是基于时间的机构动态仿真分析,包括静力平衡分析和静力或动力分析两类仿真分析。静力平衡分析是指将模型移动到平衡位置,并输出运动副上的反作用力。

单击"动画"命令,或单击"分析"功能区"运动"组中的"动画"按钮,打开图 3-4-37 所示的"动画"对话框,对话框中各选项的含义如下。

1)"滑动模式"的下拉列表:包括"时间"和"步数"两个选项。"时间"表示动画以时间为单位进行播放,"步数"表示动画以步数为单位一步一步进行连续播放。

2)"设计位置"按钮:用于设置机构各连杆在进入仿真分析前所处的位置。

3)"装配位置"按钮:用于设置机构各连杆按运动副设置的连接关系所处的位置。

4)"封装选项"选项组:如果用户在封装操作中设置了测量、跟踪或干涉,则激活该选项组中的各选项。

①"干涉"复选框:选中该复选框,根据"封装"对话框中的干涉设置,对所选的连杆进行干涉检查。

②"测量"复选框:选中该复选框,在动态仿真时,根据"封装"对话框中的最小距离或角度设置,计算所选对象在各帧位置的最小距离。

③"追踪"复选框:选中该复选框,在动态仿真时,对选构件或整个机构进行运动追踪。

④"事件发生时停止"复选框:选中该复选框,表

图 3-4-37 "动画"对话框

示在进行分析和仿真时,如果测量的最小距离小于安全距离或发生干涉现象,则系统停止进行分析和仿真,并会弹出提示信息。

5)"追踪整个机构"按钮和"爆炸机构"按钮:根据"封装"对话框中的设置,对整个机构或其中某连杆进行跟踪等,包括跟踪当前位置和整个机构,并对机构创建爆炸图。跟踪当前位置是将封装设置中选择的对象复制到当前位置;跟踪整个机构是将跟踪整个机构所有连杆的运动到当前位置;爆炸机构用来创建、保存做铰链运动时各个位置的爆炸图。

6)"动画延时"拖动条:当动画播放速度过快时,可以设置动画每帧之间的间隔时间,每帧间最长延迟时间是 1s。

7)"播放模式"选项组:系统提供了 3 种播放模式,包括播放一次、循环播放和返回播放。

（2）XY 结果视图　当用户通过前面的动画或铰链运动对模型进行仿真分析后，还可以采用生成图表的方式输出机构分析结果。

选择"菜单"→"分析"→"运动"→"XY 结果"命令，或单击"分析"功能区"运动"组中的"XY 结果"按钮，打开图 3-4-38 所示的"XY 结果视图"面板。

1）"名称"栏。其中显示了关于运动部件的绝对和相对的位移、速度、加速度、力。我们根据需要，选择正确的位移、速度、加速度、力的分量。

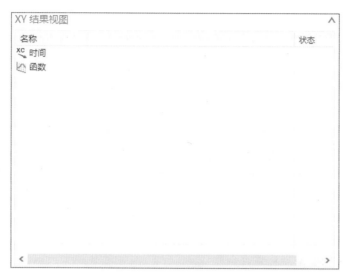

图 3-4-38　"XY 结果视图"面板

2）绘制结果视图。在选择好需要进行绘制结果视图的分量后，右击，弹出的结果快捷菜单中有绘图、叠加、创建图对象和设为 X 轴等命令。

① 绘图：绘制分量结果视图。

② 叠加：在已绘制好的结果视图中绘制同轴类分量的结果视图。

③ 设为 X 轴：将选择的分量设置为 X 轴。

选择"绘图"命令，弹出"查看窗口"对话框，接着选择绘图区域，绘出结果视图。

（3）仿真动画　3D 打印机装配与仿真动画，可扫描右侧的二维码观看。

3D 打印机
装配与仿真动画

【任务拓展】

1. 场景描述

某企业根据实际生产需要，要对现有 3D 打印机进行优化升级。上一任务中 3D 打印机为框架式结构，存在不够美观、打印不安全、不保温等诸多问题。现需增加外罩，设备需要满足以下几点要求：

1）设计一套简单实用、造型可爱、安全可靠的 3D 打印机外罩，绘制外观造型简图。

2）要求在原有框架机构上进行完善性改造设计，在尽可能不改变原有机构的基础上，增加一个外罩。

3）具有良好的性价比，在满足功能要求的前提下，尽量降低成本。

4）尽量做到美观实用，结构简单，容易安装、维护。

5）达到一定的美观效果，以保证良好的宣传效果。

6）要求该造型具有良好的适应性和扩展性，以满足其他场所和环境的需要。

2. 相关要求

请设计绘制机构外观造型的草图及装配仿真图，并对机构造型的基本工作原理和安装原理做简要说明。尽可能详细地拟订能实现该机构造型具体要求的工作计划、设计制作方案、生产流程等，并做必要的成本分析。

假如还有其他问题，需要与委托方或者其他用户或专业人员讨论的话，请写下来，并全面详细地陈述你的建议方案和理由。

3. 劳动工具与辅助工具

为了完成任务，允许使用学校常用的所有工具，如手册、专业书籍、游标卡尺、装有 CAD/CAM 等应用软件的计算机、笔记、计算器等。

4. 解决方案评价内容参考

（1）直观性 / 展示性

1）是否给出并详细讲解了装配示意图和其他示意图。

2）是否编写出一份一目了然的所用材料及部件的清单（如表格）。

3）图形、表格、用词等是否符合专业规范。

（2）功能性

1）从技术角度看，装配解决方案是否合理有效。

2）所设计的工作 / 装配流程是否合理。

3）所列的解释和描述在专业上是否正确。

4）是否能识别出各种解决方案的优缺点。

（3）使用价值导向

1）解释和草图是否外行人也能看得懂。

2）所设计的方案是否易于实施。

3）是否提出了超出客户期望的合理建议。

4）是否交给用户一份说明书，使其了解当使用过程中出现问题时如何应对。

（4）经济性

1）是否考虑到各种解决方案的费用和劳动投入量。

2）施工方案是否具有经济性。

3）在提出的多种方案中选择这种方案的理由是什么。

4）是否考虑了节能环保问题。

（5）工作过程导向

1）在解决方案中是否考虑到了客户的要求。

2）在确定施工工艺时，是否考虑了后期的维护与保养。

3）计划中是否考虑到如何向客户移交。

4）是否有一个包括时间进度、人员安排的工作计划。

（6）社会接受度

1）是否考虑到安全施工、事故防范的内容。

2）方案中是否有人性化设计，如工作环境、场地设施是否关注员工的身体健康和考虑操作的方便性。

（7）环保性

1）是否考虑了废物（包括原装置未损坏部分）的再利用。

2）是否考虑了施工所产生废料的妥善处理办法。

（8）创造性

1）方案（包括备选方案）是否回应了客户提出的问题，例如人员身份、位置信息、共享安全等。

2）是否想到过创新的解决方案。

【任务评价】

任务评价表见表 3-4-2。

表 3-4-2 任务评价表

测试任务			3D 打印机装配与仿真				
能力模块			编码	姓名	日期		
一级能力	二级能力	序号	评分项说明	完全不符	基本不符	基本符合	完全符合
功能性能力	直观性/展示性	1	对委托方来说，解决方案的表述是否容易理解				
		2	对专业人员来说，是否恰当地描述了解决方案				
		3	是否直观形象地说明任务的解决方案，如用图表或图画				
		4	解决方案的层次结构是否分明，描述解决方案的条理是否清晰				
		5	解决方案是否与专业规范或技术标准相符合（从理论、实践、制图、数学和语言方面考虑）				
	功能性	6	解决方案是否满足功能性要求				
		7	是否达到"技术先进水平"				
		8	解决方案是否可以实施				
		9	是否（从职业活动的角度）说明了各种设计的理由				
		10	表述的解决方案是否正确				
过程性能力	使用价值导向	11	解决方案是否提供了方便的保养和维修				
		12	解决方案是否考虑了功能扩展的可能性				
		13	解决方案是否考虑了如何避免干扰并且说明了理由				
		14	对于使用者来说，解决方案是否方便、易于使用				
		15	对于委托方来说，解决方案（如设备）是否具有使用价值				
	经济性	16	实施解决方案的成本是否较低				
		17	时间与人员配置是否满足实施方案的要求				
		18	是否考虑了企业投入与收益之间的关系并说明理由				
		19	是否考虑了后续成本并说明理由				
		20	是否考虑了实施方案的过程（工作过程）的效率				
	工作过程导向	21	解决方案是否适合企业的生产流程和组织架构（包括自己和客户）				
		22	解决方案是否以工作过程为基础（而不仅是书本知识）				
		23	是否考虑了上游和下游的生产流程并说明理由				

（续）

测试任务			3D 打印机装配与仿真					
能力模块			编码		姓名		日期	
一级能力	二级能力	序号	评分项说明		完全不符	基本不符	基本符合	完全符合
过程性能力	工作过程导向	24	解决方案是否反映出与职业典型的工作过程相关的能力					
		25	解决方案中是否考虑了超出本职业工作范围的内容					
设计能力	社会接受度	26	解决方案在多大程度上考虑了人性化的工作设计和组织设计方面的可能					
		27	是否考虑了健康保护方面的内容并说明理由					
		28	是否考虑了人机工程方面的要求并说明理由					
		29	是否注意到工作安全和事故防范方面的规定与准则					
		30	解决方案在多大程度上考虑了对社会造成的影响					
	环保性	31	是否考虑了环境保护方面的相关规定并说明理由					
		32	解决方案中是否考虑了所用材料是否符合环境可持续发展的要求					
		33	解决方案在多大程度上考虑了环境友好的工作设计					
		34	是否考虑了废物的回收和再利用并说明理由					
		35	是否考虑了节能和能量效率的控制					
	创造性	36	解决方案是否包含特别的和有意思的想法					
		37	是否形成了一个既有新意同时又有意义的解决方案					
		38	解决方案是否具有创新性					
		39	解决方案是否显示出对问题的敏感性					
		40	解决方案中，是否充分利用了任务所提供的设计（创新）空间					
小计								
合计								

【拓展阅读】

用创新勘探科学"富矿"

习近平总书记在科学家座谈会上指出："科技创新特别是原始创新要有创造性思辨的能力、严格求证的方法，不迷信学术权威，不盲从既有学说，敢于大胆质疑，认真实证，不断试验。"

中国科学院地质与地球物理研究所青藏高原科学考察研究团队，在喜马拉雅琼嘉岗地区发现了超大型锂矿。该锂矿被认为"有望成为继南疆白龙山、川西甲基卡之后的我国第三大锂矿"。

传统理论认为，喜马拉雅大面积淡色花岗岩的成因为沉积岩重熔、原地侵位，因此多年来从未被作为找矿目标。而地质地球所吴福元院士团队经过 10 多年的考察研究，创立了淡色花岗岩高分异成因理论，认为该区域淡色花岗岩具有良好的稀有金属成矿潜力。基于这一新理论，科考团队最终发现超大锂矿。这一重要科学发现过程，再一次证明不迷信学术权威，不盲从既有学说，敢于大胆质疑，对于科技创新特别是原始创新的重要性。

意大利科学家伽利略敢于挑战权威，大胆地对亚里士多德的学说提出疑问，经过反复试验求证，最终揭开了自由落体运动的秘密。我国地质学家李四光不盲从学说，对"中国不存在第四纪冰川"这一学界定论提出相反看法，不断考察研究，他不仅证实了自己的论断，也改写了中国地质学历史。对学术定论的质疑精神其实是一种创新思维。这种质疑不是简单地怀疑一切，而是在对科学规律系统、完整把握的基础上，勇于打破思维定式，从而建构新的思维模式、逻辑体系，实现新的突破。

实际上，提出问题正是创新的起点，也是创新的动力源。正如爱因斯坦所说："提出一个问题往往比解决一个问题更重要，解决一个问题也许仅是一个数学或实验的技能而已，而提出新的问题、新的可能性，从新的角度去看旧的问题，却需要创造性的想象力，并标志着科学真正的进步。"当前，我国正加快建设科技强国，实现高水平科技自立自强，原始创新被摆在前所未有的重要位置。大力提升原始创新能力，在鼓励探索的同时，还要以问题为导向，解放思想，因地制宜，探索和创造出不同于原有思路的新方法、新思路。

葆有好奇之心，才能有所发现，有所创造，有所成就。在挺进科研"无人区"的道路上，广大科技工作者敢于探寻科学新路径，找寻新思路，获取新知识，将会找到更多的科学"富矿"。

参 考 文 献

[1] 胡家秀.机械设计基础 [M].4 版.北京：机械工业出版社，2021.

[2] 王喆，刘美华.机械设计基础：少学时 [M].6 版.北京：机械工业出版社，2019.

[3] 马雪霞，吕博雅.3D 打印技术在产品造型创新设计中的应用 [J].文艺生活，2017（32）：30-31.

[4] 西北工业大学机械原理及机械零件教研室.机械设计 [M].10 版.北京：高等教育出版社，2019.

[5] 韩明玉，岳慧颖，朱礼贵.机械设计 [M].哈尔滨：哈尔滨工业大学出版社，2020.

[6] CAD/CAM/CAE 技术联盟.SolidWorks 2020 中文版机械设计从入门到精通 [M].北京：清华大学出版社，2020.

[7] 孙凤翔.3D 打印创意造型设计实例 [M].北京：化学工业出版社，2019.

[8] 毛斌，王鹤，张金诚.产品形态设计 [M].北京：电子工业出版社，2020.

[9] 陈震邦.工业产品造型设计 [M].3 版.北京：机械工业出版社，2014.

[10] 杨继全，戴宁，侯丽雅.三维打印设计与制造 [M].北京：科学出版社，2013.

[11] 李小笠，陆欣云.快速成型制造实训教程 [M].南京：东南大学出版社，2016.

[12] 解乃军.3D 打印创意设计与制作 [M].北京：中国电力出版社，2019.

[13] 周苏.创新思维与科技创新 [M].北京：机械工业出版社，2016.

[14] 杨松.产品色彩设计 [M].南京：东南大学出版社，2014.

[15] 王毅.产品色彩设计 [M].北京：化学工业出版社，2016.

[16] 郑萍.中文版 Rhino 6 基础培训教程 [M].北京：人民邮电出版社，2021.

[17] 崔陵，娄海滨.数控加工机械基础 [M].3 版.北京：高等教育出版社，2019.

[18] 王姬.Inventor 2014 基础教程与实战技能 [M].北京：机械工业出版社，2015.

[19] 张吉沅，贾原荣，陈道斌.工业产品设计实例教程（Inventor 2018）[M].北京：电子工业出版社，2019.

[20] Autodesk Inc.Autodesk Inventor 2019 官方标准教程 [M].北京：电子工业出版社，2019.